跨越古今的美
——内衣与人体

KUAYUE GUJIN DE MEI　NEIYI YU RENTI

段杏元　著

苏州大学出版社
Soochow University Press

图书在版编目（CIP）数据

跨越古今的美：内衣与人体／段杏元著. —苏州：
苏州大学出版社,2020. 12
ISBN 978-7-5672-3435-2

Ⅰ.①跨⋯　Ⅱ.①段⋯　Ⅲ.①女服-内衣-历史-研
究-中国　Ⅳ.①TS941.713-092

中国版本图书馆 CIP 数据核字（2020）第 263609 号

跨越古今的美

——内衣与人体

段杏元　著

责任编辑　王　亮

助理编辑　郭　佼

苏州大学出版社出版发行
（地址：苏州市十梓街 1 号　邮编：215006）
镇江文苑制版印刷有限责任公司印装
（地址：镇江市黄山南路 18 号润州花园 6-1 号　邮编：212000）

开本 700 mm×1 000 mm　1/16　印张 12.75　字数 221 千
2020 年 12 月第 1 版　2020 年 12 月第 1 次印刷
ISBN 978-7-5672-3435-2　定价：48.00 元

若有印装错误,本社负责调换
苏州大学出版社营销部　电话：0512-67481020
苏州大学出版社网址　http://www.sudapress.com
苏州大学出版社邮箱　sdcbs@suda.edu.cn

自 序

　　女性内衣在中国古代有"亵衣""小衣"或"近身衣"等称谓。"亵"有不庄重之意,"小"则代表内衣的尺寸,"近身"顾名思义指内衣与身体最为贴近。从名称上就可以看出内衣与人体的亲密关系,也映射出古人用语的意境。可以说内衣是最贴近人类生活却又最为隐私的服饰,它制约着也塑造着女性的身体,使女性在不同社会背景下显露出或端庄典雅、或扁平无状、或性感迷人的体态。

　　中国漫长的封建社会造就了中国服装严谨保守的造型特点,也带来了女性内衣平面化的造型结构。在封建、保守的社会文化背景下,女性内衣以其特有的方式对女性身体进行着解构和重塑。女性的胸部在封建社会里一直是服装遮蔽的重点,在内衣的包覆与重塑中,女性胸部被压成扁平状,隐藏于内衣之中,失去了原有的性感特征,女性身体的正常发育也受到了阻碍。这种将人体从立体到平面的转换,形成了一种内衣对人体的制约关系,即内衣所凸显的并不是人体的自然形态,而是被重塑了的平面形态,但这正是符合中国古代的社会审美准则的,也符合中国人基于情与礼统一的精神性审美。

　　在中国,内衣在其发展过程中一直作为比较隐私的物品秘不示人,也不同于其他服饰品种有自己专门的"服制",但它也存在和流传了几千年,并随着社会的发展逐渐发展成为一个独立的服饰品种。这在一定程度上反映了中国社会文化、女性审美及服装成型技术的不断变化,也反映了内衣在中西文化交融影响下的变革。

　　虽然中西方服饰都体现着"和谐"的审美理念,但中国服饰审美强调人体的自然形态须臣服于社会等级地位,体现的是人与社会的和谐;而西方服饰则把人体自然的形态美作为最高审美标准,体现的是人体着装后身体各部位之间的协调比例,是一种强调比例、节奏、秩序、平衡的和谐美。

　　虽然这两种美都重视服装对人体的重构作用，但中国服饰侧重于审美主体的心理体验，而西方服饰则更加关注审美对象的外在表现形式，因此在服装上表现为刻意夸张的服装结构，以加强对女性性特征的表现。西方女性胸衣便是通过对服装结构的重构来塑造女性立体造型形态的曲线美。随着中西方文化的交融，中西方内衣造型也日渐趋同，在新材料、新技术的冲击下，女性内衣已成为流行服装中不可缺少的一部分。

　　虽然今天的中国女性已从回避谈论内衣到开始关注内衣的各种功能，从回避内衣对女性特征的体现到通过内衣来凸显自身的性感魅力、美化人体形态，且随着内衣和外衣界限的逐渐模糊，内衣外穿已不是什么新鲜的事情，它早已成为一种时尚，这说明人们的思想观念较以往已发生了很大改变，着装环境也变得开放且包容，但真正要研究内衣与人体的关系仍然要面临巨大的压力和困难，尤其要将其以文字的形式展现出来，对作者本人也是巨大的挑战，需要鼓起很大的勇气。然而，中国内衣要发展，不可能完全照搬西方的结构、款式，依然要依靠自己的服装技术和人体研究成果。因此，希望本书能抛砖引玉，为中国内衣研究做一个铺垫，引导大家在该领域做更深入的研究。

　　另外，在本书的撰写过程中，我的学生周豪华、陈苏忆、沈浩、孔秦钰绘制了部分插图，在此致以衷心的感谢！我的先生李继峰也在百忙中帮助校对了部分书稿，一并致谢！由于本书成于忙碌之际，加之本人著书能力有限，疏漏之处在所难免，敬请读者们谅解并予以指正。

段杏元

2020 年 9 月

目 录
contents

第一章　内衣起源：初识人体

远古时期，当人类还整日赤身裸体，或仅以树叶、兽皮遮挡身体时，人类还不识服饰为何物，更不知内衣来自何处。内衣是人类服饰产生并发展到一定阶段的产物，也是人类文化发展到一定程度的产物，内衣的出现也意味着人类对自身身体的认识开始觉醒。

一、服饰的产生

人类从未放弃过对自身发展历史的探寻。人类对这一发展历史的认识经历了从神话传说阶段到建立在科学基础上的生物演化阶段的过程。从一定意义上来说，劳动创造了人，同时也创造了人类的文化。应该说，人具有与生俱来的文化创造能力。虽然目前人类到底是从旧石器时代的哪一阶段开始使用衣物这一问题仍存在争议，但可以肯定的是，人类从蛮荒走向文明的进程中，也进行着文化的创造，而人类的服饰也伴随着人类的文明开始产生、发展，并成为人们生活中不可缺少之物。可以说，服饰在人类文化的发展中并不是孤立存在的，它是人类为了更好地适应自然环境和社会环境的变化，并伴随着人类对客观世界的认识能力和改造能力的逐步提高而逐渐被创造出来的，因而，服饰的发展必然受到人类发展过程中各种环境因素、生活方式、思想意识、审美意识等的影响和制约。

关于服饰的起源，后世有很多文献资料可供追溯。在《圣经》创造的宗教神话故事中就记载了人类的始祖亚当和夏娃赤裸着身体，自由自在地生活在伊甸园中。"赤身裸体，并不感到羞耻"，这就是亚当和夏娃的生活写照。但是当他们在蛇的诱惑下吃了禁果后，眼睛变得明亮起来，并有了羞耻之心，感觉到自己一丝不挂地站在对方面前很难为情，于是就用无花果枝叶编织衣服来遮掩身体。古代诗人屈原在《九歌·山鬼》中描述了一个以藤萝花草为衣裙的多情的"山鬼"形象："若有人兮山之阿，被薜荔兮带女萝……被石兰兮带杜衡，折芳馨兮遗所思……"诗中的"山鬼"身披薜荔，腰束女萝，是一位窈窕动人的女神。后人受《山鬼》的启发，依据诗中的描述，描摹出一幅幅靓丽而又笑靥生辉的花草装扮的女神形象。陈九龄、徐悲鸿等大家的《山鬼图》中，深居山林、与虎豹为伍、清丽脱俗而又不乏野性的女神跃然纸上，这些《山鬼图》中的女神形象无一不是以薜荔、藤萝为衣裙。

《礼记·礼运》中记载："昔者先王未有宫室，冬则居营窟，夏则居橧巢。未有火化，食草木之实、鸟兽之肉，饮其血，茹其毛。未有麻丝，衣其羽皮。后圣有作，然后修火之利，范金、合土，以为台榭、宫室、牖户。""衣其羽皮"是指把自然形态的兽皮、鸟羽和草茅之属，披围到身上，以改善赤身露体的情况。这一记载形象地反映了远古时期先王的衣、食、住的情况：没有宫殿房屋，冬天住山洞，夏天住树上的巢室；不会用火，吃草木的果实和鸟兽的肉，喝鸟兽的血；不会纺纱织布，穿鸟兽的毛和皮。《绎史》引《古史考》中也有类似记载："太古之初，人吮露精，食草木实，穴居野处。山居则食鸟兽，衣其羽皮，饮血茹毛……"《后汉书》上也记载："上古穴居而野处，衣毛而冒皮，未有制度。"这些文献虽然著于不同时代，但所记载的有关古代先民日常生活中的装身之物均来自动物的毛皮。

可见，早期服饰的雏形应是远古时期的花卉、树叶、树枝、羽毛、兽皮等。这些天然之物未经雕琢加工，直接围裹、披覆于人体之上，是用于遮羞？保暖？护体？抑或装饰？留给后人无尽的猜测、想象。直到今天，我们依然能看到非洲及大洋洲等地的一些原住民仍然以树枝、树叶作为衣饰。文化人类学认为，人们个体生命的童年和人类的童年有着同构的相似性，而至今未被农业文明、工业文明冲撞过的土著民文明也与远古先民的思维方式和生活、生存方式有着逼近式的相似性。这也为我们探索早期的服饰、服饰材料、服饰起源及意义提供了非常有价值的参考。

显然，早期的服饰无论出于何种目的和用途，最终都是用于包覆人体。人类对服饰材料也毫无认识，仅仅是就地取材，直接从大自然中获取可以用于装身的物质，甚至连披挂在身上的兽皮也保留着动物皮毛的原貌，没有经过任何的加工处理，更谈不上形制。然而，在人类文明发展的进程中，人类对于服装材料的探索，以及服装材料的发展过程，足以显示人类的智慧。可以说，人类学会了使用工具并发明了缝制骨针及线绳之后，服装才真正得以创造和发展。从此，服装对人体的保护、修饰和装饰等功能也逐渐显现出来，人类对自身美的认识也逐渐得以发展。有人说，人对自然的审美感，伴随着人类的物质生产和种族繁衍的实践而产生。它是以美感为存在形态的美感、性感和羞耻感的统一。人的体形，在依赖服装掩蔽的同时，也仰仗服装来加以表现，因此，服装也成了表现人体美的最好的载体。随着人类对服装认识的加深，服装在后来的发展中，款式、功能日趋丰富与完善，服装与人体之间形成了不可分割的紧密联系。

（一）就地取材催生了服装的问世

远古人类早在一百万年之前就已出现。那时的先民们处于茹毛饮血阶段，尚不知刀耕火种，也无从知晓覆盖装身。在人类后来的发展中，火的使用逐渐改变了人们的生活条件，人类身体素质也一步一步发生变化，护体、御寒、装饰的行为渐渐成为人们生活中的一种必然。从史书记载及考古文物推断，先民们对身体进行覆盖、保护的历史有一万年之久，正是这些对身体最原始的包覆、保护和装饰创造了人类丰富多彩的服饰文化。对于早期没有文字记载的年代，考古发现的资料留给了后人无尽的想象。那时的人们并不知晓服装为何物，也不知服装材料为何物，仅凭借对自然界的感知、探索及对服装材料的想象，就地取材，搜寻可用的装身之物。从花草树木到棉毛丝麻等，古人对天然材料的应用为后人对于服装材料的探索及服装的形成与发展积淀了深厚的文化底蕴。这也彰显了人类在这一领域中的历史智慧与浪漫情怀，甚至可以说，服装材料从古至今的推衍过程，本身就是一种文化形态演进的历程。

1. 草木花卉的使用

服装材料最初来源于花草树木，这是后人对大约一万年前的先民进行裸态装身的推测。但这一推测也并不是毫无依据，因为在后世的神话传说、文学作品、文献资料、考古发现中有大量的该方面的文字和图片记载，甚至到现代还存留着许多该方面服饰的制作痕迹。

前面提及过，人类对自身发展历史的认知在很长一段时间处于神话传说阶段。与此相应，花卉、枝叶作为服装材料，也在很多神话故事中出现过。《山鬼》一诗中对以藤萝花草为衣裙的女神的描述，至今仍广为西方人信奉的文化元典《圣经》中对人类的始祖亚当和夏娃的描述，均是以枝叶作为衣物用于遮羞。除了神话传说，在许多文献中也有关于花草枝叶作为衣物的记载。《禹贡·冀州》中就有"岛夷卉服"的描写，岛夷卉服现多用来代指边远地区少数民族或岛居之人，但其本意是用来描述边远地区的先民以花卉装身。孔子的后人孔传也提到"南海岛夷，草服葛越","葛越"即南方用葛制作的葛布。清代陈鼎的《滇黔纪游》也记载有对云南少数民族"纫叶为衣"场景的描写;清代的野史也记载了苗族男子身披草衣、下着短裙的形象;而中国台湾高山族人则用芭蕉叶来制作服装;等等。同时,对这些着装现象的记载不仅仅出现在中华民族文献史料中,在其他国家和地区也有过类似的记载:格罗塞的《艺术的起源》一书中描述了安达曼群岛上的土著民用卷拢的露兜树叶作为头巾,女人用多根露兜树叶制成的带子围在臀部,带子下面悬挂树叶做成围裙,且已婚者还要系上不同风格的叶带;古希腊的奥运冠军所戴桂冠也是用带叶的月桂树枝编织而成的;等等。可见,以枝叶花卉作为装身之物,除了源于自然界中就地取材的方便性之外,还反映了先民们共同的审美价值和趣味。

除了花卉、枝叶之外,树皮也成为服装材料的一种。自唐宋以来的典籍中就经常有关于"绩木皮为布"或"织树为布"的记载。清代张庆长所著《黎岐纪闻》中曾记载海南黎族自古"绩木皮为布",这也是华南土著民族的一种传统服饰文化。可以说"织绩木皮,染以草实"与"岛夷卉服"是一脉相承的服饰传统文化。树皮布在海南、台湾的土著民族中最为常见,尽管树皮衣的工艺技术及其文化内涵在古籍中少有文字记载,但直至今天,美孚黎仍然存留有非常原生态的树皮衣(图1-1)。这种树皮衣是用一种名叫"见血封喉"的树(学名"箭毒木")的树皮制成的。该树皮制成的布柔软洁净,经久耐用。可以说,这种树皮衣已成为远古服装的活化石,也是史前先民服饰形态最后的守望者。除了海南黎族、台湾高山族人用椰树皮制衣之外,傣族、哈尼族等也有用树皮制衣的传统,另外,广东还有少数民族用竹皮制作服装。树皮衣的制作是由花卉枝叶装身向使用纤维制衣过渡的环节,为纤维的发现和使用奠定了基础,也为纤维的进一步提取做出了重要的历史铺垫。

图1-1 美孚黎树皮衣
(摘自刘瑞璞等编著的《中华民族服饰结构图考·少数民族编》,中国纺织出版社2013年1月出版)

2. 毛皮的起源

动物毛皮作为服装材料，其起源可以追溯到远古时期。从旧石器时代早期人类对动物毛皮的原始利用，到旧石器时代中晚期及新石器时代毛皮服饰的原始雏形，再到黄帝"垂衣裳而天下治"，虽然确切年代无从考证，但毛皮作为人类最古老的衣料、作为人类的第一件衣服是无可争议的，这在许多古典书籍中都有记载。可以说，人类诞生之初就本能地利用动物毛皮进行装身，其至少应该与草木花卉的使用同步。据文献资料的记载分析，动物毛皮漫长的起源史大致可分为三个发展时期。

一是对动物毛皮本能利用的时期。当人类学会手脚分工、直立行走并逐渐学会火的使用后，便一步步加速了智力的发展及体毛的退化。此时人类依靠自身的条件已无法生存，因此他们本能地利用动物毛皮护体御寒，使自身得以生存发展。而这一时期，正是先民们以动物为食的狩猎时代，因此他们接触到大量的动物毛皮，"茹毛饮血""被毛寝皮"即为这一时期先民的生活写照。除了前述《古史考》《礼记·礼运篇》有这方面的记载外，《后汉书·舆服志》中也提到："上古穴居而野处，衣毛而冒皮。"《尚书·禹贡》中也有记载："冀州岛夷皮服，扬州岛夷卉服。"此外，《墨子·辞过》也有"古之民未知为衣服时，衣皮带茭"的描述。《韩非子·五蠹》中也提到："古者丈夫不耕，草木之实足食也；妇人不织，禽兽之皮足衣也。"可见草木花卉、禽兽毛皮早已成为先民的装身之物。只是那时皮革鞣制技术还未发明，先民们全靠自己的想象与触觉进行着着装的实践。因此，在很长的一段历史时期，远古的文献资料在描述利用动物毛皮进行装身这一现象时，强调的是其原初性和简陋性。《史记·匈奴列传》潜隐地以中原衣冠文明的目光直视游牧部落的粗鲁："自君王以下，咸食畜肉，衣其皮革，被旃裘。"旃裘即兽毛、兽皮的衣装。仅仅是皮裘装身而没有文化的深厚积淀，则被视为不知礼仪的原生态行为。后世也有以这种原初性来挑战世俗的种种情状："宋人刘景、后梁厉归真、元人皮裘生冬夏皆着皮裘……明人董仙文明而不著衣，惟裹牛皮，人们叫他'董牛皮'……梁人刘讦爱著鹿皮冠，当时无一人戴它；宋人翟法赐不食五谷，以兽皮为衣……唐人朱桃椎披裘曳索，夏天裸体，冬天用树皮自复，人莫测其所为，有人送他衣服，桃椎委地而去。"归结起来，这应该就是毛皮服饰的原始萌芽。

二是毛皮服饰雏形形成的时期。起初，人类主要利用动物毛皮对身体进行围裹。人类学会使用简陋的石器工具对动物毛皮进行切割剥离后，随即学会了利用兽皮进行裹身御寒。《白虎通义》中有这样的记载："太古之时，衣皮韦，能覆前而不能覆后。"西汉时期的《淮南子·齐俗训》有"民童蒙不知东西，貌不羡乎情而言不溢乎行，其衣致暖而无文（"文"即修饰的意思），其并戈铢而无刃……"的描述，体现了古人着衣的原则。有资料显示，距今10万年前的阳原侯家窑人也有裹束兽皮、穿贯头衣御寒的行为。

至旧石器时代晚期，人类开始使用磨制和钻孔的石器与骨制工具。尤其是骨针的使用，使人类能够对兽皮进行简单的缝制并制成服装，打造了毛皮服饰的雏形，人类的服饰也开始脱离萌芽状态。人类从此摆脱了赤身露体的状态，进入了穿着兽皮的历史时期，人类文明因此向前跨出了重要的一步，并就此拉开了中国服饰文化的序幕。

三是毛皮服饰的初步成熟期。人类进入这一时期主要归功于毛皮鞣制技术的发明。相传2 600多年前，黄帝率本部落约500多个氏族的先民从陕西向东迁徙的过程中，于桑干河流域泥河湾盆地择水而居，在用兽皮御寒保暖时，意外地发现桑干河边的盐碱滩有软化兽皮的功效。软化后的兽皮围裹穿戴时更加方便舒适，于是这一兽皮软化方法得以推广，毛皮鞣制技术也得以发明。后来黄帝在桑干河边盐碱滩上（今阳原境内）建立了毛皮鞣制和缝制的生产基地，实现了毛皮服饰雏形向真正毛皮服饰的转化，也奠定了黄帝在中国毛皮文化创建时的始祖地位。

3. 葛的发现与使用

人类发现葛这一重大事件为植物纤维的提取和整理及纺、织、缝、纫技术的形成打下了重要基础，也为人类纺织技术的进步做出了重要贡献，是人类服饰文化从蒙昧走向文明的一种标志。先民们在长期的生产和生活实践中发现葛的茎皮经沸水煮过后变得柔软，便学会了从葛藤的茎皮中提取纤维制成服装，并逐渐加以推广。可见，人类在生产和生活实践中，借助自然之物帮助自身生存的智慧在不断增长，人类也随之不断成长和进步。在装身之物的发现和使用过程中，人类对衣物的舒适性和实用性的意识也在逐渐萌发，生理上的感受也日渐丰富，同时，人类的着装心理需求也随之不断增加，使服装制作技术一步一步、日新月异地往前发展。从文献资料中可以获知，纤维的提纯及纺织的历史非常悠久，而考古发现中，葛布的出现也具有非常久远的历史。南京博物院收藏的葛布是距今约5 400年的新石器时代的织物；而1972年在江苏吴县草鞋山新石器第10层文化堆积中发现的3块葛布中，有一块经研究发现，其经纬向密度达到了每平方厘米 10×（26~28）根，这种精湛的纺织技艺不禁让后人为之惊叹。

与草木花卉一样，葛日渐成为先民日常生活中不可缺少之物。葛的价值不仅仅体现在纺织技术层面，用于制作衣物，葛还延伸出许多丰富的人文情怀，因此它也经常成为文人骚客咏叹的题材，或被作为历史的见证在文献资料中加以记载，足见其历史之久远及对后世衣装技术的影响之深远。

中国最古老的诗歌总集《诗经》收集了从西周初年到春秋中叶（公元前 11 世纪至公元前 6 世纪）的诗歌共 305 首，其中"葛"的出现多达 400余处，可见葛在先民的日常生活中无处不在。其中有耳熟能详且令人经久不忘的《诗经·采葛》中一男子的唱叹："彼采葛兮，一日不见，如三月兮。"农耕文明中男耕女织，采葛姑娘勤劳、智慧、心灵手巧，便成了男子爱慕追求的对象。"一日不见，如三月兮"，表达了男子对辛勤劳作的采葛姑娘的思念之情。在葛的发现与使用过程中，谁能想到它会引发男女之间的倾慕之情呢？这也是令后人充满想象的。《诗·周南·葛覃》中有"葛之覃兮，施于中谷，维叶萋萋……"，借用碧绿如染的葛藤描摹了喜悦、急切的期盼之情，展现了女子勤劳能干的美好形象。除了《诗经》中收集的这些诗歌，西汉刘向编撰的《说苑·尊贤》中，有民谣"绵绵之葛，在于旷野。良工得之，以为絺綌（音 chī xì，指葛布衣服）。良工不得，枯死于野"的记载。葛藤的采与不采，得与不得，竟与怀才得遇或不遇、千里马是否得遇伯乐有着如此相似的结果。宋代陆游的《夜出偏门还三山》中有"水风吹葛衣，草露湿芒履"的诗句；唐代韩翃《田仓曹东亭夏夜饮得春字》诗云"葛衣香有露，罗幕静无尘"；等等。这些历代民间诗歌中葛的多次出现足以证明葛曾作为先民们普通而又重要的衣着材料出现在人们的日常生活中。

在古代典籍中，有关葛的描写和记载更是不计其数。《汉书·地理志》中有对葛的记载："越地多产布。"颜师古注说："布，葛布也。"《越绝书》中有："勾践种葛，使越女织制葛布，献于夫差。"《周书》中也曾记载："葛，小人得其叶，以为羹；君子得其材，以为君子朝廷夏服。"葛作为一种植物，其嫩叶可作菜食食用，块根可煮食或蒸食，甚至还有服用生炒葛花后不易醉酒的说法，即所谓"葛花满地可消酒"。除食用外，古人对葛的最大利用就是前面提及的提取其纤维纺纱织布制成衣物了，且通常作为夏季衣物使用，可见其凉爽、舒适的特性。从对葛的记载中可以看出，葛在先民的日常生活中占据了衣食住行四大方面中的衣、食两大方面，足见葛对人类发展所做的贡献。《韩非子·五蠹》中提到"冬日麑裘，夏日葛衣"，表明葛衣因其凉爽的特性被先民用作夏季服装。应该说，至少到唐代为止，葛都是作为重要的夏季服装材料得以使用的。随着丝、麻、裘逐渐被发现和利用，葛不再显得那么珍贵，不再仅限于"朝廷夏服"，而是渐渐为平民广泛穿着。唐宋时期，人们甚至把获得官爵职位称为"释葛"，意思是终于脱掉了平民百姓的葛布衣，穿上官服了，可见葛衣在唐宋时期已是平民百姓的普通穿着。白居易《醉后狂言酬赠萧殷二协律》中有这样的诗句："天寒身上犹衣葛，日高甑中未拂尘。"这与"冬日麑裘，夏日葛衣"是截然相反的。唐代的服装材料已日渐丰富，葛衣早已不属稀罕之物，而诗人却在寒冬依然穿着葛衣，可见其人生境遇的凄凉。葛在历代的使用和变迁，反映了其应用之广，体现了其使用技术的日渐成熟。

如今，位于云南双江邦丙布朗山的布朗人依然保留着"葛布"传统，这种古老的手工制作工艺，可用以织制服装、挎包、线毯等，"葛布"也成了先民服饰的活化石，为后人研究服装材料及服装形态搭建了重要的考查平台。

4. 麻的利用

麻是中国古老的作物之一，也是东方服饰文明的重要标志，其使用在远古时期就趋于成熟。考古资料显示，浙江河姆渡遗址出土了距今约7 000年的苘麻双股线；吴兴良渚文化遗址出土了距今约5 000年的平纹苎麻织物残片。这些麻织物残片每平方厘米经纬线都达到了10根以上，有的纬线甚至达到了每厘米26~28根，且组织结构除了平纹外，还有多种更复杂的织造工艺。麻纺织技术的成熟从这些考古发现中可见一斑。另据湖南彭头山遗址、西安半坡遗址等地发现的大量的石锥、石纺轮、麻织物残片及陶片上的麻织物印痕考证，麻织物的使用甚至可以追溯到一万多年前的新石器时代，且麻的使用早于丝、毛、棉5 000~9 000年之久。国外考古资料也显示了麻使用的悠久历史。埃及人5 000年前已可织宽幅麻布，而两河流域和南美的一些遗址中，亚麻布的痕迹竟是8 000~10 000年前遗留下的。

麻的记载也出现在很多古籍文献中，并可追溯到距今5 000年前的炎黄时代。《路史·后记》记载："神农氏修地理，教之桑麻，以为布帛……治麻为布，以作衣裳……女当年而不织，则当其寒。"说明在炎帝时代，以麻纺织为代表的纺织技术已初具规模。《淮南子·汜论训》记载："伯余之初作衣也，缚麻索缕，手经指挂，其成犹网罗，后世为之机杼胜复，以便其用。"据传伯余是黄帝的大臣之一，是最早织造衣裳的人，也是旧时纺织业中机户所崇拜的行业神。《礼记·礼运》记载："昔者衣羽皮，后圣治其丝麻以为布帛。"《周易·系辞下》记载黄帝"垂衣裳而天下治"。也正是在黄帝时代，人类文明进入一个空前繁荣的时期。我们的祖先通过种麻养蚕、纺纱织布，开启了华夏民族服饰的新篇章。

与葛一样，麻也曾经在《诗经》中作为一种纤维作物出现过。《诗经·齐风·南山》中唱道："艺麻如之何？衡从其亩。"表达了作者对拥有种植麻技艺的自豪感。麻从野生植物变为人工种植物，丰硕的劳动成果带给诗人抑制不住的喜悦。《诗经·陈风·东门之池》还唱出了麻的后处理（沤麻）的生活场景："东门之池，可以沤麻。彼美淑姬，可与晤歌。东门之池，可以沤纻。彼美淑姬，可与晤语。东门之池，可以沤菅。彼美淑姬，可与晤言。"诗歌以浸泡麻起兴，却表达的是男子对东门外护城河中浸麻女子的爱慕，抒发了两人情投意合的喜悦。与葛的采割一样，麻的后整理过程竟也能引发异性相吸，激发男女之间的爱慕之情。

战国时期，苎麻纺织的精细程度已接近今天的府绸，甚至能与华美的丝绸媲美，因此贵族们经常将它作为馈赠的珍贵礼物。麻的优势逐渐得以体现，此时的葛已逐渐被麻所取代。

到2000多年前的西汉时期，麻的纺织技术更加成熟。据《汉书·地理志》记载，当时关中是种植和使用苎麻较为悠久的地区，长安聚集的各地麻织物就有多种，如絺（音 chī，细葛布）、绤（特细葛布）、苎（细苎麻布）、缌（细麻布）等。马王堆汉墓出土的大量的麻织物精品及稀世珍宝"素色蝉衣"的精美饰边，可以说是麻纺织工艺发展的一个里程碑，也为贵族的珍贵礼品及宫廷显贵的贡品找到了实物的证据支撑。

麻的繁殖力非常强盛。早期的人类社会，由于生产力极为低下，因此对生命的期待成了人们生活中的头等大事。繁衍后代很自然地与生命力极为旺盛的麻联系起来，人们把对生殖繁衍的崇拜转化成麻的图腾，麻便具有了生生不息的象征力。人们甚至把麻幻化成魔力无比的神物，民间用麻织物、麻器具驱鬼辟邪。可见，麻作为东方古老的衣祖，已成为古人心中神圣祥瑞的载体。

唐代诗人孟浩然在《过故人庄》一诗中也表达过对麻的审美情趣："故人具鸡黍，邀我至田家。绿树村边合，青山郭外斜。开轩面场圃，把酒话桑麻。待到重阳日，还来就菊花。"农家遇故友，闲话农家事，怡然自得、平实健朴的场面和气氛跃然纸上。

宋元之后，麻文化日渐衰落。随着棉花的广泛种植和使用，作为大宗衣料的麻纤维逐渐被棉所取代。如同人类的发展，服装材料也在经历其兴衰更替。

5. 丝绸的传说

中国是丝绸文明的发源地，而中国丝绸也对人类服饰文化做出了独有的贡献。专家们根据考古学的推测，华夏先民在6 000年前左右就开始养蚕、取丝、织绸。殷商时期的甲骨文中已经出现过桑、蚕、丝、帛等字；浙江余姚河姆渡遗址出土了6 900年前的纺织机具部件和蚕纹装饰的象牙盅；山西夏县西阴村发现了距今5 600~6 000年的人工切割蚕茧；辽宁沙锅屯也发现了仰韶文化遗址出土的蚕形石饰；河南荥阳青台村发现了仰韶文化时期距今约5 500年的丝织残片；吴江梅堰镇的新石器遗址中，发掘出土了距今约4 000年的陶器，其纹饰上有两条蚕形纹饰，说明当时已有了蚕桑的养殖。那时的先民们对蚕不仅有了充分的认识，而且还产生了巫术崇拜。这种对蚕的巫术崇拜到了商代，逐渐演变为统治阶层对蚕神的崇拜。在以后的各朝各代，皇帝们都会以隆重的礼仪祭奠"先蚕西陵氏神"（黄帝的元妃，嫘祖），以表达对发明养蚕缫丝技术的先祖的尊敬和感激。这些都说明桑蚕业在社会生活中扮演着非常重要的角色，也足以证明人类丝绸源远流长的发展历史。

丝绸独有的轻盈舒适的触感和光泽魅力带给后人无尽享受的同时也引发了后人的各种想象，一个个鲜活的神话传说由此跃然纸上。据《汉唐地理书钞》《搜神记》《中华古今注》等记载，蚕由一位姑娘所变，是位女神。民间则有这样一个传说：黄帝的妻子嫘祖有一次在侍女们的簇拥下在野桑林里散步，抬头看见一位仙女飘飘地从天而降，迈着轻盈的脚步，缓缓而行。突然，晒在庭院间的马皮飞来，裹着仙女腾空上树，仙女随即化为头似马面、身材细长的"虫"，吐出闪亮的细丝，结成丰满的白色果实，还散发着一种馨香。嫘祖看得入了迷，凑巧果实掉入侍女捧着的热水碗中，待用树枝挑捞时竟捞出一缕纤细的丝来，又细又长，光滑、轻盈、柔韧，而且连绵不断，愈抽愈长。嫘祖便用它来纺纱织布，织品竟轻盈舒适，美丽异常，嫘祖便开始驯养野蚕。在苏州的民间传说中，嫘祖是轩辕黄帝三个女儿中最小的一个，因此，蚕也被蚕农亲切地称为"三姑娘"。

《绎史》卷五引《皇帝内传》记载："黄帝斩蚩尤，蚕神献丝，乃称织维之功。"灭蚩尤而蚕神献丝，这位人文始祖的业绩总是能惊天地、泣鬼神，也因此有了这样一个传说：轩辕黄帝在天庭十二神兽的帮助下，发明了蚕丝织机，又从三姑娘梳头的篦子上得到启发而发明了筘篱，使经线在织造过程中不再被割断。而《山海经·海外北经》说得简洁又神奇："欧丝之野，在大踵东，一女子跪据树欧丝。"（欧丝即呕丝、吐丝）

《搜神记》卷十四"女化蚕"的故事也叙述得波澜起伏，动人心魄：旧说，太古之时，有大人远征，家无余人，唯有一女。牧马一匹，女亲养之。穷居幽处，思念其父，乃戏马曰："尔能为我迎得父还，吾将嫁汝。"马既承此言，乃绝缰而去。径至父所。父见马，惊喜，因取而乘之。马望所自来，悲鸣不已。父曰："此马无事如此，我家得无有故乎？"亟乘以归。为畜生有非常之情，故厚加刍养。马不肯食，每见女出入，辄喜怒奋击。如此非一。父怪之，密以问女，女具以告父，必为是故。父曰："勿言，恐辱家门，且莫出入。"于是伏弩射杀之，暴皮于庭。父行，女与邻女于皮所戏，以足蹙之曰："汝是畜生，而欲取人为妇耶？招此屠剥，如何自苦？"言未及竟，马皮蹶然而起，卷女以行。邻女忙怕，不敢救之，走告其父。父还求索，已出失之。后经数日，得于大树枝间，女及马皮，尽化为蚕，而绩于树上。其茧纶理厚大，异于常蚕。邻妇取而养之，其收数倍。因名其树曰"桑"。桑者，丧也。由斯百姓种之，今世所养是也。言桑蚕者，是古蚕之余类也。马与蚕原本风马牛不相及，全凭人类的想象而联系在一起。更有诗人对于丝绸的各种吟诵："云想衣裳花想容""风吹仙袂飘飘举"，这些正是对身着丝绸后飘逸圣洁的状貌的写照。

6. 棉的传入

在中国，棉的使用比葛、麻、丝要晚得多。棉并非起源于中华大地，而是原产于印度和阿拉伯。据推测，棉传入中国，最迟在南北朝时期，且那时棉多种植于边疆地区，这从新疆出土的宋代以前的棉织物就能看出。1959 年新疆民丰东汉墓出土蓝白印花布、白布裤、手帕等棉织品，其中有一块蓝白印花布残片长 89 厘米、宽 48 厘米，平纹组织，经、纬线密度分别为每厘米 18 根、每厘米 3 根；吐鲁番高昌时期（公元 6 世纪）的墓葬中出土过丝、棉交织的锦和白棉布；于田县北朝墓葬中出土过用棉布制成的褡裢和蓝白印花棉布。这些出土的实物，印证了当时新疆地区棉的种植之普及。直至今天，新疆地区依然是棉花重要的种植和研发基地。

除了考古发现，也有文字记载棉的传入历史。"棉"字是从《宋书》才开始出现的，在宋以前，中国只有"绵"字。棉花大量传入内地，应是在宋末元初。据传，黄道婆从海南黎族人民那儿学会了一整套先进的棉纺织加工技术，与内地原有的纺织工艺结合起来，形成了一套完整的新技术，并广传于人，在棉纺织工艺上做出了重大贡献，棉纺织技术也因此有了突破性的进展。棉的传入还有资料记载："宋元之间始传种于中国，关陕闽广首获其利，盖此物出外夷，闽广通海舶，关陕通西域故也。"这里明确记载了棉传入中国的时间。

7. 简短的结论

随着人类从蛮荒走向文明，服饰也逐渐成为人类物质生活和精神生活的一部分。与现代人类一样，先民的生存与动植物有着千丝万缕的依存关系。从直接使用植物的枝叶花卉进行装身，到从植物中抽取纤维进行纺织；从直接使用动物毛皮披身，到将动物毛皮进行简单的裁割和缝制，这中间经历了技术的不断演进和飞跃。先民对养蚕、训畜、纺织、制陶等生活实践的探索，使得人类的着装经验及对衣着文化的认知逐步得以提升，并由此激发出多种形式的艺术创造。如使用枝叶花卉装饰身体，使用动物或植物图腾进行文身，均可以看出先民们对形式美的认知和创造在逐步加强。这种对美的认知和追求促进了人类文明的进一步发展。

（二）纺织技术的发明促进了服饰的发展

原始人类对服装材料进行有意识的探索与纺织技术的发明是相互促进、相互影响的。原始人先是发现了可以用植物纤维来制成面料和缝制衣物。他们把树皮放在水中浸泡、捶打并漂洗干净，把剩下的纤维展平晾干，就得到了一块完整的面料。而后黄帝的妻子嫘祖教会了人们养蚕纺丝，纺织技术也随之出现了。人们用石或陶制成纺轮，把植物纤维、蚕丝、动物的毛纤维等纺成纱线，再织成布，他们还在面料上画各种图案来加以装饰。

在从旧石器时代过渡到新石器时代母系氏族社会的过程中，人们根据以往的生活经验，改进了生产工具和生活方式，开始进行农耕和畜牧。人们从在大自然觅食到主动生产和繁殖食物资源，从穴居野处发展到筑屋定居，形成了以农业为主的综合经济。边缘地带有了畜牧业，原始的手工业如制陶、纺麻、养蚕缫丝、缝纫等纺织工艺也得到了极大的发展。纺织技术的出现带来了服装材料的大变革，主要表现在人们开始利用动物纤维、植物纤维纺成纱线，再织成布，最后用加工出来的布料制成服装。在这一过程中，人们对自然物的认识及对着装的审美意识逐渐加强，并开始对服装材料及各类装饰物加以创造、改进和美化，进一步创造了一些复杂的新型纺织工艺，开启了各类复杂织物的织造征程。这些具有装饰性的织物及其组织形态在众多遗址中都有实物体现。除了大部分平纹麻布的印痕和平纹麻布织物残片外，其中最让人惊叹的是江苏吴县草鞋山出土的距今约6 000年的三块葛织物残片，这三块葛织物残片有山形、菱形斜纹和螺纹边组织，是采用绞织加缠绕织法形成的回纹条纹织物。其纺织工艺的复杂和精湛毫不逊色于现代纺织物，足以见得古人的智慧和惊人的创造力。

自然界的物品不仅被广泛利用，还不断被人们加工改造，并进行再生产。各种纺织品的出现和创新，为早期服饰的缝纫工艺提供了新材料和新思路，并对服饰形制的发展也产生了重大影响。在此基础上出现了款式、色彩、图案、装饰等要素的协调搭配。在这一过程中，服饰文化逐步兴起，服饰也日趋完善。

1. 骨针的使用划清了人与动物的界限

未有骨针之前，原始人的生存条件决定了其衣、食、住、行的生活方式和生存之道。他们就地取材，以采摘、狩猎等最原始的方式满足基本的生存需求。植物花卉、枝叶兽皮等自然成了他们的装身之物。那时服装的形态、造型并没有被纳入人们的考虑之列，人们关注的只是温饱问题，因此用于装身的树皮、枝叶花卉、动物毛皮等也保留了最原始的形态。游牧部族使用没有经过任何加工处理的动物毛皮进行装身，而以采摘为主的部族则以花卉树枝缠身。人们对服装及服装审美还没有形成意识，但与原始的裸态生活相比，此时的原始人类已在着装上朝前迈出了一大步。

随着骨针、骨锥的发明，并随着线、绳的出现，人们灵魂深处对于人体美的渴望与追求开始爆发出来，创造力也被激发。人们逐渐摆脱了从自然界直接获取装身之物的状态，开始对自然界的材料进行简单的缝制加工，使其更加符合人体形态。山顶洞人缝制何种形制的衣服，我们现在已无从考证，但我们能从他们的文化遗迹中揣摩先祖们原始着装的动机，他们或许是为了猎捕或战争，或许是为了抵挡寒冷，或许是为了装饰自身、吸引异性，也或许是为了在部落中显示等级和地位。这些推断，归功于考古学家对远古人类服饰的发现和研究。从一些遗址中可以看到一些原始的制衣工具，如骨针、骨锥等，据此可以推断，那个时期的人们已能利用兽皮等自然材料缝制简单的衣服。考古学家在距今约40 000年前的旧石器时代晚期克罗马农人遗址中发现，原始人虽然不会织布，但他们发明了针。他们用针将兽皮缝合在一起，就得到了一件很好的衣服。可以说这是服装形制形成的开端，也是先民们将动物形态的毛皮转化为符合人体形态的服装的一种下意识的行为。1933年，考古学家在北京周口店龙骨山山顶洞里又发现了一枚磨得很细很长的骨针。骨针一端尖锐，另一端有针孔，针长 82 mm，直径 3.1～3.3 mm，针孔的直径 1 mm。针身圆润，据此可以推断其应该是经过刮削和磨制而成的，也可以推断其是原始人用来缝制衣服的。这些考古发现可以说明，我国在旧石器时代晚期，虽然原始人类还不会纺纱、织布，但已经能利用兽皮一类的材料等来缝制衣服，用以抵御大理冰期（距今 10 万至 12 000 年左右）的严寒。缝制衣服的线可能是动物韧带劈开的丝筋，也可能是用野生植物纤维搓成的线绳，这一推断并不是没有依据的，我国鄂伦春族人就习惯用此种方法来缝制皮衣。沈从文在《中国古代服饰研究》这本重要著作中曾高度评价骨针的发现：“山顶洞人的文化遗物，在服装史上的重要性具有划时代意义。证实我国于旧石器时代晚期的开初，北方先民们已创造出利用缝纫加工为特征的服饰文化。”可以说，骨针的发明和使用，是中国服饰文化史的发端。

缝制工具的出现，拉开了中国服饰发展的序幕，使得早期的服饰发展进入了一个新的历史阶段，同时揭开了服饰文化最早的篇章。那时的人们开始根据需要对兽皮、树皮等进行裁割和缝制，制成各类样式的服饰用品。原始人的穿衣也从被动变为主动，着装灵感得以激发，设计思路也逐渐开阔起来，极大地丰富了服装的形制与款式。

此时的原始人思维越来越活跃，他们并不满足于现有的各类材料，而是依据生产和生活实践，开始在服装面料上进行探索。他们把树皮放在水中浸泡、漂洗，多次捶打，通过去杂质、软化、再次漂洗干净等复杂的工艺过程，最终将纤维展平、晒干，得到一块柔软的、可用于塑形的服装面料，用它来缝制衣物，使服装的柔软性和舒适性大大提高。这种经过加工处理后的树皮可以看作最早的非纺织面料。在劳动过程中，原始人的审美意识已逐渐萌芽，他们开始对服装赋予各种意义，如出现了图腾崇拜、等级区分等。此时的原始人对面料的追求又进了一步，他们不再满足于对树皮进行简单的加工，而是开始对面料及身体加以美化。他们先是在身体上涂画花纹，或进行文身，后来发展到直接在面料上画出各种纹样。这种最原始的花卉纹样也是现代服饰纹样的开端，如图 1-2 所示。

随着社会不断进步，服饰也在快速发展，原始人的创造性思维也得到了极大发展，审美意识及审美需求逐步加强，他们开始通过服饰来表达自身的审美观念，懂得了人可以通过服饰来传递身体及生活中的美。除了枝叶花卉、动物毛皮外，他们开始利用从大自然获得的其他材料对身体加以装饰。兽骨、兽牙等最原始的装饰品出现了，这也是最早的颈饰品。兽

图 1-2 原始花卉纹样示意图

骨、兽牙等装饰品的出现归因于在原始社会中人们主要以采摘和狩猎为生，能捕获到野兽是勇敢的象征，因此在原始人的心目中，兽骨是具有特殊意义的，用兽骨做成的装饰品也同样具有一种特殊的美感。尤其在学会使用工具后，他们把兽骨、兽牙、贝壳等经过打磨、钻孔、染色等工艺处理，再用线绳串成各种各样的装饰品戴在身上，形成对身体的装饰。这些装饰品经常被原始人当作礼品相互馈赠，甚至被当作男女间的定情信物加以赠送。可见，兽骨、兽牙在当时是属于比较宝贵的装饰材料。钻孔技术也是人类最早发明的技术之一，这是后人对远古人类装饰物及审美意识进行推断和研究的结果，但这一推断并非主观臆断、空穴来风，主要是基于考古学家的发现。如前所述，考古学家在旧石器时代晚期克罗马农人遗址中除了发现骨针外，还发现了原始人制作的骨角扣子和套环，或用动物牙齿制成的项链等饰物，这些都是经过钻孔处理的。在北京周口店山顶洞人（距今约 1.9 万年）的遗址中，考古学家们也发现了人体装饰物，有钻孔兽牙、钻孔石珠、钻孔鱼尾椎骨等。这些装饰物均经过了磨制和钻孔处理，出土时有序排列成项链状，应该是经过有意识的人为处理和排列，并用线绳穿结而成。在辽宁海城小孤山遗址（距今约 45 000 年）曾出土穿孔的兽牙、穿孔的蚌饰及几枚骨针，骨针长 6~8 cm。这些用兽牙、兽骨、石珠等串成的环状的项链饰物是原始人最初用于人体的装饰品，且这种装饰品的形式一直沿用至今。虽然现代装饰品的材料、款式、造型、色彩等已发生了质的变化，但人类缝制服装、钻孔串珠进行装饰的活动包含着最初原始人艺术创造活动的要素，既体现着人类的生存意志及对美好生活的愿望，也体现着古人的智慧和才能。这些都说明人类最初审美意识的萌芽及对人体美的追求都是在生产劳动过程中产生的。

2. 纺轮的出现标志着原始手工纺织业的开始

先民们在对衣物进行探索的过程中，最初获得了由树皮制成的最原始的非纺织面料。审美意识的萌发及下意识的艺术创造活动注定了远古人类并不会满足于此，他们进一步对纤维材料进行探索和加工，逐步学会了纺丝。据传到黄帝时期，人们已学会了养蚕纺丝，纺轮就是在这一探索过程中发明的。据考古发现，在已发掘的百余个新石器时代的遗址中，几乎都有纺轮出土。其中最早的纺轮出土于河北武安县磁山，距今约有 7 400 年的历史。新石器时代初期纺轮是用石片制成的，后来用陶制作，并在上面绘以纹饰作为装饰。在今天的河南、山西、陕西等地的仰韶文化遗址中，也曾多次发掘出石制、陶制的纺轮，另外还发掘出了骨针、骨锥、骨梭等原始的纺织和缝纫工具。此外，在浙江余姚的河姆渡遗址中，还发掘出了大约 7 000 年前的木质织机部件，虽然具体的形制并不是很明确，但已证实有"踞织机"（腰机）、卷经轴、分经筒、机刀等部件。部分织机部件构思精巧，令现代人叹为观止。

原始腰机的发明是新石器时代纺织技术的重要成就之一。石制、陶制纺轮及织机的出现，标志着原始手工纺织业的开始，也证明了 7 000 年前我们的祖先除了使用兽皮以外，已开始利用麻、葛和其他植物纤维进行纺纱、织布、制作服装，开启了用布料制作服装的时代。《礼记·礼运》篇中记载的"昔者衣羽皮，后圣治其麻丝以为布帛"说的就是从使用兽皮到纺纱织布的过程。除了麻、葛织物外，蚕丝织物也是原始纺织业中非常重要的一部分。浙江钱山漾出土了大约 4 700 年前的丝织品，放置于竹管中。该丝织品的精密程度已达到现在生产的电力纺的水平，并具有较好的韧性，这说明当时生产丝织品的技能已很高超了，这也标示了当时我国服装技术水平的高度。人们用纺轮将采集的植物纤维、蚕茧抽出的丝、动物的毛发等天然纤维纺成纱线，再织成不同风格的面料，制成适合不同季节穿着的服装。正是纺轮和织机的出现，开启了人类织物和服装的时代，人类服饰文化也因此进入了一个新的历史阶段。

二、服饰实用功利性与审美性的形成

从服装的产生来看，服装作为衣食住行之首，其首要的功能应体现在实用性方面，即服装既要满足人们御寒保暖、保护身体等生理需要，也要满足日常穿着佩戴的需求。服装在满足了首要的实用性功能后，随着人类对自然的认识和改造不断加深，人们对服装用于满足标示身份、祈神行巫、修饰装扮人体等功能也产生了需要，这就和艺术审美性产生了密切的联系，也就是说服装也具备了艺术性。普列汉诺夫也说过："那些为原始民族用来作装饰品的东西，最初被认为是有用的，或者是一种表明这些装饰品的所有者拥有一些对于部落有益的品质的标记，而只是后来才开始显得是美丽的。使用价值是先于审美价值的。"因此，服饰艺术在人类社会所存在的意义可以用两点来概括：一是为了满足人类形形色色、林林总总的实用功利愿望；二是为了满足人类出于各种目的及各种心态的社会审美欲求。这两点也可以说对服饰的起源做了一定程度的概括。

人类由四肢着地到直立行走，由猿变成人后，创造性思维也随之增强了，懂得了创造和使用工具，并不断认识自然和改造自然。人类的穿衣活动由直接从自然界获取材料变成一种主动的创造性活动，这一过程的转变，或者人类对衣着的需要究竟是出于何种具体的动机，这在学术界一直是一个颇具争议的话题。现有的服饰起源说有"气候适应说""身体保护说""遮羞说""性差说""审美说"等学说，这些学说的形成与服装的实用性和审美性都密不可分。这些学说为探寻内衣的起源提供了很好的依据。

（一）服饰的实用功利性

关于服饰的实用功利性，这里主要阐述服饰起源的两种观点作为支撑，即服饰起源的气候适应说和身体保护说。

1. 气候适应说

《释名·释衣服》里记载："衣，依也，人所依以避寒暑也。"表明服装是为了适应外界气候条件，抗击寒冷或抵挡炎热而产生的。这里隐含了两种观点，即"因冷而穿衣"和"因热而穿衣"。

玛里琳·霍恩在《服饰：人的第二皮肤》一书中表达了人类因冷而穿衣的观点。他指出："最早的衣物也许是从抵御严寒的需要中发展而来。"张竞琼等学者也比较认同这种观点，他们指出：这种推想是合乎逻辑的，因为原始人面临生产力低下、生存环境恶劣等一系列困难，在战胜自然的能力相对较弱的情况下，本能地适应自然的能力就显得突出一些，如尼安德特人、克罗马农人为了对付冰河期的寒冷而安身洞穴，生火取暖，并开始使用毛皮衣物。在这里，保暖、御寒既是服装的目的，又是服装的起因，即人们为顺应其生存的客观环境而穿用衣物。柳诒徵先生在其代表作《中国文化史》中也有如下叙述："衣裳之源，起于气寒。西北气寒而东南气燠，故《礼记·王制》述四夷，惟西北之人有衣，东南无衣也。"意即西北因气候寒冷，需要穿衣，而东南气候温暖而不需要穿衣。他在书中还写道："衣宇之下，当即北字，古代北方开化之人，知有冠服，南方则多裸体文身，故衣字象北方之人戴冠者……"他认为服装起源于北方寒冷地带，明确表达了人类因冷而穿衣的观点，说明人类的衣生活行为是针对外界气候环境变化而采取的一种适应性措施。

宋兆麟先生在《中国原始社会史》中也指出："服装的起源，其根本原因是出于实用……在寒冷和湿带地区，人们为了防御寒冷，保护身体，很早就披树皮了。"他还以足服的产生为例来论证人类因冷而穿衣服的观点："人类经历过赤足时期，后来才有了鞋子。目的是保护脚不被冻伤和创伤。"贾兰坡在《中国大陆上的远古居民》一书中肯定地说："当时人们穿衣，还只是为了防寒，什么好看、羞耻、礼貌等的想法，他们还没有。"

周锡保先生在《中国古代服装史》中写道："从遥远的时间上来说，人类开始用天然石块、树枝等捕击野兽，冬则把所获的兽皮来掩盖保护身体和保暖，夏则裸身或拣取树叶遮掩日光免受炎烈。"另据元李京的《云南志略·诸夷风俗》："古代缭人以桦皮为冠。"可以想见，当烈日照射时，人们把一片较大的叶子遮在头顶上获得一片阴凉，用于遮挡阳光，保护人体不受烈日的暴晒。在一些热带地区，原始居民穿衣也是为了免受日晒和虫咬。如居住在非洲沙漠地带的居民，用服饰将身体从头到脚遮盖起来，正是为了适应当地平均40℃~50℃的日照气温及干燥的气候环境，以减少日晒及水分的蒸发。阿拉伯人的白色长袍及一块自头顶包住面颊直至肩部的名为"古特拉"的披头巾，也是为了抵御风沙袭击和烈日的炙烤而出现的。

无论是"因冷而穿衣"还是"因热而穿衣"，都道出了服装的出现是为了适应气候的观点，而服装的出现也始终离不开人的身体。可以说脱离了人体这一服装的载体，人类对服装的任何探索都是毫无意义的。

2. 身体保护说

宋兆麟先生在《中国原始社会史》中说过："御寒在热带是不存在的，

当地也有危害人类生存的因素，如烈日的照射、虫蛇的啃咬、风雨的袭击等原因，也使人们采取一些措施，尽力保护自己的身体。通常在身体上涂抹油脂和黏土，披盖树叶、树皮，在身上绘画花纹等。"

学者邓拉普也支持服装的起源是为了保护身体的观点。他举了一个例子：原始人身上挂着兽皮做的皮带、动物尾巴等类似的装饰物，其作用是随着人的行动而摆动，充当驱赶苍蝇等昆虫的东西，同时穿用者又没有过热的感觉，因而此说认为人类的衣生活行为是人们面向外界环境和自然条件时采取的一种对自身保护的措施。

德国文化史家赫尔曼·施赖贝尔则从人体生理解剖结构的角度提出服装产生的动机。他指出，人类最初的服装产生于猿进化成用两腿直立行走的人这一关键性的历史瞬间。因为这个瞬间导致了这样一个事实：原来处于既方便达到目的，又处于很安全的位置的生殖器从身体的末端"移到"中央，尤其是男性，他们身体中的这个既敏感又易受伤害的部位急需要某种形式的保护。因此，此说法认为人体的解剖结构及其机能是服装产生的基础——由于人体的真正直立行走而使其性器官位于身体的中央位置并暴露在外。出于防御需要，人们发明了腰布、兜裆布等服饰用品，把这一部位保护起来，进而把身体的躯干、肢体等其他部分也包裹或遮盖起来，于是衣服也便产生了。周锡保先生在《中国古代服装史》中也表达了类似的观点：人类最早是用皮毛等先围之于腹下膝前。这种先围前，可能是为了保护腹部免遭病害，同时也有可能与人类赖以繁殖后代的生理形态所起的作用有关。这些学者的观点都是对身体保护说的有力支撑。

（二）服饰的审美性

关于服饰的审美性也涉及多种服饰起源的学说，这里主要阐述性差说和羞耻说作为支撑。

性差说又可称为异性吸引学说。该观点认为：人们为了突出男女性别的差异，进而引起对方的好感与注意并互相吸引，就用衣物来装饰强调，由此便有了服装。

中国历史学家吕思勉认为服装起源的原始动机在于异性吸引，即人类着装是为了强化自身的特征来引起异性的关注。他首先明确地否定了服装起源于保暖的说法。他在《先秦史》中这样说："案衣服之史，非以裸露为亵，而欲以蔽体，亦非欲以御寒。盖古人本不以裸露为耻，冬则穴居或炀火，亦不籍衣以取暖也。"而后他又摆出自己的观点说："衣之始，盖用以为饰，故必先蔽其前，此非耻其裸露而蔽之，实加饰焉，以相挑诱。"

表明人类的穿衣既不是为了御寒，也不是为了遮羞，而是用来装饰自身以挑诱异性。

约瑟夫·布雷多克认为，人类着装的动机不在于遮羞，而在于吸引。他指出："在一个人人不事穿戴的国度里，裸体必定清白而又自然。不过，当某个人，不论是男是女，开始身挂一条鲜艳的垂穗，几根绚丽的羽毛，一串闪耀的珠玑，一束青青的树叶，一片洁白的棉布，或一只耀眼的贝壳，自然不得不引起旁人的注意。而这微不足道的遮掩竟是最富威力的性刺激物。"在他的观点里，服饰成了一种对人体某些部位进行彰显的工具，是为了吸引异性。

R. 包博-约翰森（R. Brobr-Johensen）在其所著的《着装的历史》一书中谈到克罗马农地母像时说："她们在臀部系着腰绳和极小的围裙，目的是'蔽后不蔽前'，用来吸引男性，这就是最初的而且是本来的衣服之目的。"

尽管服装的起源与发展是源于男女两性互相吸引的需求这一论断至今还不能令人信服，但是两性的存在的确是人需要穿用衣服的原因之一，这是任何人不能否定的。所以，布兰奇·佩尼说："将一种鲜花戴在头上，或者以酸梅果汁把双唇染上红色的第一位姑娘，一定有她自己的审美观点，并且很欣赏自己乔装打扮的如意效果。但是我相信，她更希望这副打扮能引来青年男子，并向她投以亲热爱慕的眼光。"格罗塞说："原始身体遮护首先而且重要的意义，不是一种衣着，而是一种装饰品，而这种装饰又和其他大部分的装饰一样，为的是要帮助装饰人得到异性的喜爱。"

但也有相反的观点认为：穿衣的目的是为了掩盖性，是为了遮羞和蔽体。该观点来自《圣经》旧约全书《创世篇》中的关于亚当和夏娃因自己赤身裸体而感到羞耻的记载。虽然这只是一个神话传说，但由于西方人崇拜上帝，信仰圣经，因此相信该传说的也大有人在。D. 莫瑞斯认为：遮羞是服装产生的早期动机。在人类直立行走后，无论干什么，每时每刻都面对着他人的阴部，这说明以某种简单物体进行遮盖一定是早期文化的一大发展。而在中华民族的意识中，遮羞蔽体也被认为是服装重要的功能之一。《中国原始社会史》中认为：早期的人类赤身裸体，不知衣物为何物，也无羞耻心，只有在父权制和私有制产生后，嫉妒观念诞生后，羞耻心才得以出现并得到发展。《白虎通义·衣裳》上记载："衣者，隐也；裳者，障也，所以隐形自障闭也。"表明人类穿衣裳是为了障蔽隐私部位，这样人才显得高尚。因此，"裳"从"尚"从"衣"。《白虎通义》中还称，人的羞耻心是从群婚向偶婚发展时才出现的。这些都说明，服装是遮掩人体的重要屏障。而且，对于肉体的羞耻感觉在中国古代就成为社会的共同认识。

其实无论最初服装的出现是出于实用也好，还是出于审美也罢，或者是"既非实用品，又非艺术品""既是实用品，又是艺术品"，有一点是不能否认的，即服装的产生是与人体紧密联系在一起的，都是从人体本身出发的一种行为。服装的出现或是为了保护人体，或是为了遮羞，或是为了彰显自身的美感，都各有其道理。可以说，原始人最初将树叶、树皮或兽皮披挂在身上只是一种下意识的行为，而对于服装功能的认识与审美意识的出现则是在服装穿着过程中逐渐得以体验并不断积累而形成的。在服装形成之初，人体已经具有了对自身体态美感的认识，这是人类文化的产物，也是人类与动物的区别。人类最原始、最实用也最直观的就是那原本就裸裎袒裼的人体，人类通过漫长时期的生产实践活动，赋予了它一种审美属性。

（三）服饰起源与人体审美的文化思考

关于服饰起源的种种学说，虽然有考古学与人类学的研究成果作为支撑，也有各类遗迹加以佐证，但依然众说纷纭，难以形成一个令人信服的定论。但人类毕竟过了几百万年的裸态生活，最终却使用和制造了一定的穿戴之物用以遮身蔽体，改变了自身天然的外在形象，其中的动机确实值得后人推测和揣摩。

早期的人们是否使用工具，使用了何种工具和材料，怎样使用工具，以及对服装初始制作的工艺技术所掌握的程度等都对服装的穿着形式和表现形式产生了重要影响。从服装形态来看，旧石器时代的人们用于装身的动物毛皮是天然的、不规则的形态，柔软、结实、保暖，具有一定的包覆性，人们用它对人体进行任意披挂和围裹。虽然此时的装身之物还没有形制的概念，但毛皮的发现和使用对人类的进化及人类文明的发展都起到了极大的推动作用，促进了服装造型形态的发展，也开创了人类衣生活的文明史。新石器时代的人们开始使用磨制工具，初步学会了对动物毛皮简单地进行切割、软化。此时人们也开始了对植物纤维材料使用的探索，开启了制作植物衣物的时代。这一阶段由于有孔针和裁断器具的发明与使用，人们已经初步掌握了一定的缝制技术，能对动物毛皮进行简单的裁割和缝制，以满足人体穿着的需要，因此服装的形态也开始向表现人体的美的方向发展。此时的衣物在一定程度上脱离了原始的自然形态，具备了一定的形制，服装也从天然的无规则的形状进入有形制的阶段，开启了服装造型形态的根本性变革。人们根据实际生活经验及合体、保暖的需求，对动物毛皮进行裁割、缝合，从整体到部分，再从部分到整体，这一制作过程已初步具备了"服装设计"的理念。而后随着骨针和梭子等原始织造工具的出现，服装的款式开始变得丰富起来，形制也从简单到复杂逐渐开始发生变化。骨针针眼较细，其所使用的线绳必须经过搓捻，使之变得纤细，才可穿过骨针针眼。与此同时，人们发现经过搓捻的线绳也变得结实耐用，因此所缝制的服装也更加牢固耐用，适于人们日常的运动和劳作。梭子的使用不仅可以增加织物的花色、种类，还可以使织物变得柔软、轻薄，增加了织物裁割、缝制的便利性，也使服装与人体的贴合程度逐步提高成为一种可能，服装形制也因此变得更为复杂。骨针和线绳的使用，使服装在美的形式和美的方向上都向前迈出了一大步，也促进了人类审美意识的进一步发展和增强。

除了服装形制的变化，新石器时代的人们已开始使用植物染料对织物、线绳进行染色、涂绘，以增加服装的美感。人们起初只是从花和叶子中提取染料，后来发展成从植物的枝条、树皮、块根、根茎中提取植物染料，织物的颜色也因此变得越来越丰富。染色技术的掌握和使用，使服装更加丰富多彩，也使人类在服装穿着审美上开启了一个新的篇章。可以说，新石器时代的人们在与植物的接触中，逐渐开始用植物纤维织物替代动物毛皮，这是服装材料发展史上的一次革新，它极大地丰富了服装的款式造型，并使人们初步产生了服装设计的设想和观念，这对人类衣生活的发展产生了前所未有的影响。

在人类的生产劳动和生活实践过程中，人们不断积累着经验，并由此而激发了服装的多种形式，与此相适应，服装在人类漫长的生产劳动与生活实践中不断受到各种因素的影响而发展着，着装也成为人类适应自然生活和社会生活的一种手段和方式。可以说服装实践建构了服装意识，服装意识也反映了服装实践。在服装的制作与穿戴的过程中，人们既满足了日常生活所需要的穿戴实用感，又获得了一种精神上的审美愉悦感，并引发了服装要适应人体形态及运动这一观念，这为后世人们对于服装与人体关系的探寻提供了重要依据，也具有重要的参考意义。

三、内衣的出现及早期人体观

（一）内衣产生

服饰起源初期，人类虽然有了服装，但并没有严格意义上的上衣下裳，也无内、外衣之分。远古人类以打猎和采摘植物果实为生，并在其猎取和采摘的过程中，出于某种目的，逐渐学会了以植物或动物毛皮来装扮身体。对于早期人类的这种生活方式及行为，我们很难用现代人的思维方式去推测和定论，也难以将其与服装的种类及功能联系起来。通常认为，中国最早的内衣出现于上古时期，用于最原始的遮体、保暖，那时并没有内、外衣的概念。不过，从现代人对内衣的理解来看，真正的内衣应出现于商代，其主要功能是用于遮掩和保护身体，这与现代人们所穿的内衣所具备的功能大体是一致的。据有些学者的观点，中国内衣的产生，与先民的生殖崇拜有很大关系。因为敬畏自然，敬畏生殖，人类自然要保护生殖能力，也自然会用衣物保护和遮挡生殖器官。人类最早用来遮挡身体的衣物称为蔽膝（图1-3），也就是现代人眼中早期的内衣。蔽膝可以说是最早的内衣形制了，这种形制即为现代内衣中内裤或衬裙的前身，且这种形制和穿衣方式在服饰有了长足的发展之后仍流传了很长时间。蔽膝的应用体现了内衣保护身体的功能，强调了内衣最贴体、最具防护性的作用。与蔽膝类似的服饰有韨，"赤韨在股"是《诗经》中对人体着装的描述。"韨"是象形字，就像一根宽带系在腰上，悬垂于两股之间，挡住生殖器。后人也有推断，韨是用毛皮围于腹前，保护腹部和生殖系统免受外部伤害和病虫侵害的服饰用品。图1-4为依据阴山岩画所作的人体穿着韨的简易线描

图1-3 商代穿短衣围裳
佩带蔽膝的人物形象

图1-4 阴山岩画中
韨的线描图

图。从图中可以看出，芾垂于腰下，挡住人体生殖器所在部位，此穿着状态与《诗经》中"赤芾在股"的描述是一致的。从芾的形态来看，其类似于一种护裆布，穿在身上具有遮掩生殖器官的作用。从功能上说，芾能起到保护生殖器的作用。可以说芾作为内衣，其遮掩和护体的功能已非常显著。

上古时期的芾以坚韧的熟皮"韦"制作，涂以火焰般的朱色、朱黄色或赤色，以彰显生殖器的硕大与强壮。周锡保先生曾说："芾的形制，天子用直，色朱，绘龙、火、山三章，公侯……用黄朱，绘火、山二章；卿、大夫绘山一章。"对芾按阶层进行不同纹样的装饰说明了芾在古人服饰中的地位，也说明了古人对它的重视。

从芾和蔽膝的形制、功能及其与现代内衣的比较来看，古时候的内衣与现代意义上的内衣具有一定的相似性，但又有所不同。现代内衣的功能更完备、明确，且形制也更科学，与人体形态更吻合，而古代内衣不论是在功能还是形制上都更简单一些，即古代内衣不具备现代内衣所具有的塑形、保健等多种功能，也没有现代内衣合体，但在保护身体方面，古代内衣与现代内衣是一致的。内衣的概念一直较为模糊，分类也并不明确，这主要体现在内衣的"内"字上，即在很长一段时间，人们把贴身穿着的衣物都视作内衣。尤其对于女性而言，内衣是不能轻易示于外人的，因此古代人们又把内衣称为"私衣""亵衣"等，极形象和隐晦地传达了女性内衣的社会地位。

（二）早期的人体观

如前所述，内衣的产生源于对生殖的崇拜和敬畏，这可以从服装起源的多个观点获得解释：身体保护说、性差说、遮羞说等。但不论哪种学说或观点，都与古人的生存方式有很大关系，也与人体本身有着无法分割的联系。

远古时期人类对自然环境的适应，并不只是简单地停留在人体本能地适应自然环境这一层面上，而是积极构建了人—自然环境—服装的关系。人类在进化的过程中，身体发生了极大的变化：直立行走、退去体毛等，导致人体抵御寒冷和酷热的能力不断退化，但人类可以通过对外界物质的充分利用来获得适应自然的能力，这也是人与动物的不同之处。从生殖崇拜这一角度来思考，人类积极使用衣物保护身体，在人体与外界之间构筑了一道保护屏障，保护着人类最为敬畏的生殖器官不受到伤害。同时，衣物又不同程度地彰显了人体生殖部位的特殊地位。因此，有人认为早期内衣的穿着部位及穿着方式很大程度上是为了吸引异性的眼光。就好比原始的舞蹈，人们在腰间佩以腰饰，并不是为了遮掩腰部以下部分，而是为了彰显，以引起异性的注意，这是一种对人体美最自然最原始的追求。所谓人体美，就是人的形体、形态的美，也是人类对自身的审美感受。但也有观点认为，伴随着原始社会私有观念的产生，人类的羞耻意识逐渐得到发展，因此人类出于羞耻心理才开始用衣物对身体进行遮盖与掩饰，这也造成了后世对服装起源中服装是用于遮羞的推测。其实，到底是由于羞耻感的产生而导致人类选择了穿衣，还是因为有了服装人类才有了羞耻心，至今仍然没有定论。但可以肯定的是，人类赤身裸体来到这个世界，并没有引起旁人的注意，并经过了几万年的赤身裸体的生活，最后却从裸体的习惯变成了裸体的羞耻，这是人类伦理观念发展的结果，也是人类文明进步的标志。也就是说，人类的着装行为变成了一种文明的行为。后世的伦理观念是否与原始社会的这些观念和意识有关联，也是值得人们思考和探索的。

四、中国内衣的历史流变

中国早期的内衣并不像现代内衣一样有完整的发展体系和明确的功能细分，用现代的眼光来看，有些服饰甚至不能算作内衣，因此不能用现代的标准去评判古时候的内衣。古时候只要是贴身穿着的衣物都可称为内衣，因此用发展的眼光来看，古代内衣主要有两种体系：一种是衬服内衣，另一种是贴身内衣。衬服内衣是穿在外衣里面的服装，穿着时只露出领子和袖口；而贴身内衣则多为女子穿着，用于保暖、遮体、护体。从裸体到服饰加身，再到逐渐有内、外衣之别，服饰一直在不断进步。

（一）殷周时期的内衣

1. 种类

殷周时期的人们下体已开始着裤，裤在当时称为"袴"（音 kù），又称"椸（音 yí，指晾衣服的竹竿，也指衣架）衣"，属于殷周时期的内衣。

2. 形制特点

"袴"是殷周时期人们穿的裤子，称其为"椸衣"是一种比喻的说法。椸架是古代的衣架，《礼记·曲礼上》有"男女不杂坐，不同椸架"的说法，表明了封建礼教对男女之间不能随意交往的规定。那时的"袴"就像套在衣架上的衣物一样，与今天的袖套极为相似，穿着时套在腿上。可想而知，着袴时人的隐私部位是裸露在外的，因此需要用"裳"来遮掩。

《释名》说："凡服，上曰衣。衣，依也，人所依以庇寒暑也；下曰裳。裳，障也，所以自障蔽也。"《白虎通义·衣裳》也说："衣者，隐也；裳者，障也。所以隐形自障闭也。"可见，裳是殷周时期人们用来遮掩下体隐私部位的主要衣物。这与服饰起源学说中的"遮羞说"是一致的。

另外，从出土的西周时期的玉雕人来看，西周时期还出现过一种合裆裤，即将两裆缝合的裤子，称为"裈"（同"裈"）。玉雕人为一裸身穿着裈的男子雕塑。图1-5为依据出土的玉雕人形象绘制的线描图。从图中可以看出，裈在腰部前侧有很多皱褶，结合前面及侧面来看，裈的左右片已合为一体，与人体形态也较为吻合，已有了现代短裤的雏形。这是其与裤的不同之处，即裈已将两裆缝合，束腰裹臀，并已具备了遮住下体的功能，而裤却没有。裈穿着时即使外面不加穿外裳也不会裸露下体，这也说明了在礼仪制度及服饰等级制度的影响下，人们已普遍具有一定的羞耻感。从图1-5中还能看出，裈的穿着方式和构成方法较为复杂，腰间的横褶既有装饰效果，也具备一定的束紧腰腹的功能。

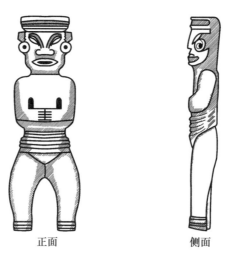

正面　　　　　　　　　侧面

图1-5　西周时期穿裈的玉雕人线描图

（二）春秋战国时期的内衣

1. 种类

该时期的内衣有裤子、衻衣、裎衣等。

2. 形制特点

裤子是春秋时期的主要下装，当时称为"胫衣"，或称"穷绔""裈裆裤"，与殷周时期的裤极为相似，应是由裤发展而来。胫衣的形制与套裤相似，文献中有这样的描述："上达于股，并连于腰，裆不缝合，以带系缚。"裤子穿着时套在膝盖以下的小腿部分（即胫部），可以保护胫部，对隐私部位也有一定的保护作用，但由于裆部不缝合，对隐私部位的保护并不严密，因此裤子外面通常会穿着裙裳、袍子一类的衣物，便于遮掩，与袴的着装方式一致。

战国时期的内衣裤中也有过袴，但从其形制来看，与殷周时期的袴有所区别，这点从依据出土的纺织品所描绘的袴的结构示意图可见一斑（图1-6）。从湖北江陵马山一号楚墓出土的战国时期的纺织品来看，袴由腰、腿和口缘三部分组成。以中缝为界，左右结构及分片较为对称；每只袴腿分两片，一片为整幅，宽50 cm，长61 cm；另一片半幅，宽25 cm，长61 cm；两片间的拼缝处镶嵌有十字形纹针织绦带；袴脚上端一侧拼入一块宽9 cm、长12 cm的长方形袴裆；袴腰用四块白绢拼成，每片宽30.5 cm、长45 cm；后腰敞开不闭合，形成开裆；连同袴腰，长116 cm。袴主要以腰带为系。袴也可作"绔"。《说文解字》说："绔，胫衣也。"根据前文对春秋时期裤子的描述，胫衣即是由殷周时期的袴发展而来。《释名·释衣服》卷五说："绔，袴也，两股各跨别也。"从描述上看，袴与胫衣比较接近，但从形制上看袴更为复杂一些。

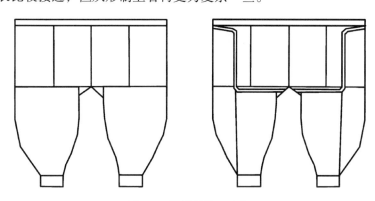

图1-6　袴的结构示意图

除了胫衣、袴之外，袾衣与裎衣也可作为春秋战国时期的内衣。袾衣与裎衣虽均为贴身穿着的衣物，但二者在形制上有一定的差别。袾衣是一种大襟的交领服装，其形制为交领右衽（图1-7）。裎衣则是一种中间开襟的对襟短衫（图1-8）。裎衣属室内所穿衣物，是不能示于外人的，否则属非礼行为。在当时内、外衣形制并没有严格界限的情况下，裎衣有了这一属性，就更能证明其属于内衣了。

图 1-7　袪衣结构示意图

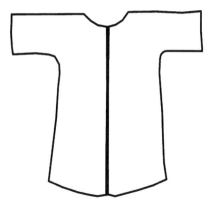
图 1-8　裎衣结构示意图

在战国时期，曾经还出现过裙子作为内衣的情况。《释名》说："裙，里衣也，古服裙不居外，皆有衣笼之。"意即裙属于内衣，不外穿，穿着时外面有外衣罩着。一些出土的衣物中就包括单裙。马王堆汉墓出土的两件单裙均由四幅绢拼接而成，呈下宽上窄的梯形，不加缘饰，系带于腰身之后。黄强在《中国内衣史》中这样描述："死者的随葬衣物十分豪奢，但不见著袴或裤。秃裙不缘并非是为了俭约，而是为了体现着一定的风习。此两素裙应即是贴身的裹服——中裙。"马山一号楚墓也出土过两件单裙，与马王堆汉墓出土的单裙情况较为相似，也为梯形，由八幅素绢竖拼而成，腰部系带，但裙身较高，且底沿以几何纹锦为饰缘（图 1-9）。

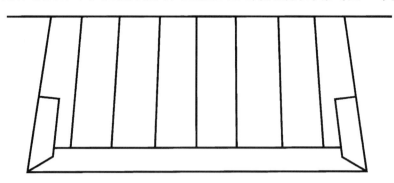
图 1-9　马山一号楚墓出土的单裙结构示意图

在中国内衣变迁史中，战国时期赵国赵武灵王推行的胡服骑射对服饰的发展具有重大意义，其所倡导的便服甚至对内衣的发展起到了决定性的作用。战国时期，少数民族善于骑马射箭，而汉人以车战为主，赵武灵王为了抵御少数民族的入侵，决定向少数民族学习骑射。为了方便骑马射箭，赵武灵王决定推行胡服制，学习胡人的短衣装扮的服饰。在此之前中国人穿着传统的无裆裤，外穿下裳，但此种穿着无法适应骑射，因此赵武灵王将将士们的着装改为去除下裳，只穿着有裆裤，推行上穿衣、下穿裤的习俗。这一举措极大地巩固了赵国在战争中的地位，并开创了中国内衣史上内衣向外衣转化的先河，从此中国服装史上出现了真正具有内衣功能的裤子。图 1-10 为依据山西侯马出土的陶范绘制的上穿衣、下穿裤的局部线描图。上衣明显缩短，裤子也缝合了裆部，不外穿下裳亦可从事日常活动。

图 1-10　上着窄袖短衣、下着裤的人物形象

（三）秦汉时期的内衣

1. 种类

到秦汉时期，服饰已有了很大发展，服饰制度也开始完善。这一时期最明显的变化是服饰的等级化开始出现，服饰的种类逐渐丰富起来，与此相适应，内衣的种类也随之多了起来。尤其是到了汉代，内衣的形制日渐繁多，出现了汗衣、帕腹、抱腹、心衣、裲裆、犊鼻裈等多种类型。

2. 形制特点

（1）汗衣

汗衣是属于贴身穿着的内衣，形制为短袖、对襟，长及腰际，紧身贴体，可以吸收体内排出的汗液，因此又称汗衫，与现代的汗衫在功能上有相似之处。

（2）帕腹、抱腹、心衣

汉代内衣帕腹、抱腹和心衣虽然名称不同，但只有简繁之别。《释名·释衣服》称："帕腹，横帕其腹也。抱腹，上下有带，抱裹其腹，上无裆者也。心衣，抱腹而施钩肩，钩肩之间施一裆，以奄心也。"这即是对帕腹、抱腹和心衣三者形态的简单描述。帕腹最为简单，只是用一块布帕简单地横裹在腹部，因此称为"帕腹"。而抱腹则稍显复杂，两侧缀有带子，穿着时在腹部用带子系住，因穿着时紧抱着腹部，故称为"抱腹"。如果在抱腹的基础上再加上"钩肩"及"裆"，就成为心衣了。相比之下，心衣的结构最为复杂（图 1-11）。帕腹、抱腹和心衣虽有繁简之别，但相同的是都只有前片，没有后片，穿着时后背全部是裸露的，且多为女性穿着，与后来的肚兜有着很大的相似之处，已显示出女性内衣的雏形。

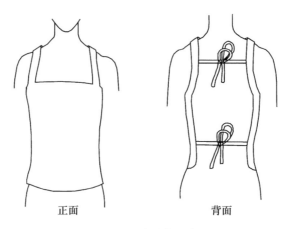

图 1-11　心衣结构示意图

（3）齐裆

汉代还有一种女性专用内衣，称为"齐裆"。齐裆本是上古腰彩的遗制，汉武帝时以四带束之，名曰"袜肚"。汉灵帝时期赐宫人蹙金丝合胜袜肚，又称"齐裆"。齐裆采用蹙金彩帛制作而成，两侧缀有四根系带，两根系结于颈部，两根系结于腰上。齐裆的形制与心衣极为相似，后背、上下均有系结，后背也裸露。齐裆可看作后世抹胸的前身。

（4）裲裆

裲裆也是在汉代出现的一种内衣，与帕腹、抱腹、心衣最大的不同在于，它不只有前片，还有后片，穿着时既可挡住前胸，又可遮住后背，俗称"裲裆"（图 1-12）。裲裆在两汉时期仅作内衣使用，且多为女性穿着，不过也有男子贴身穿着的，但到后来逐渐发展成为可外穿的服饰。

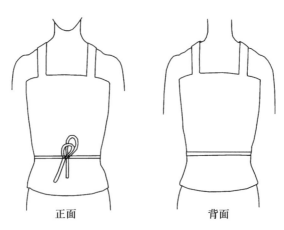

图 1-12　裲裆结构示意图

（5）犊鼻裈

汉代的内裤中有一种较长至膝的称为
"裈"，裈仍然是一种无裆裤。裈一般为有身
份的阶层人士穿着，外套宽襦大裳，将其包
覆。还有一种较短的形态，只是包裹住腹臀
部位，称为"犊鼻裈"。犊鼻裈将裆部缝合，
为有裆的短裤，多为下层劳动人民穿着。犊
鼻裈穿着时外面无须加穿裳，直接裸露在外，
方便劳作，因此被上层社会所不耻。图1-13
为依据四川郫县（今郫都区）宋家岭汉墓出
土的陶俑绘制的穿犊鼻裈劳作的男子局部线
描图。从图中可以看出，这时期的短裤已比
商周时期的短裤穿着要合身，腰部已没有了

图1-13 汉代穿犊鼻裈
劳作的男子形象

过多的横向褶皱，显示出内衣的结构在其发展进程中已产生变化。

（四）魏晋南北朝时期的内衣

1. 种类

魏晋南北朝时期的内衣体系与之前相比更加完善，种类也更加繁多，
在内衣形制上也有了较大的发展。除了心衣、犊鼻裈等秦汉时期流传下来
的内衣外，还出现了衫子、裤褶、抱腰等内衣，同时裲裆在这一时期也得
到了新的发展，演变成可外穿的服饰。

2. 形制特点

（1）衫子

衫子是一种该时期较为普遍贴身穿着的服装，也叫"近身衣"。衫子
特点为大袖，无袖端，敞口（图1-14）。《释名·释衣服》中有此描述：
"衫，芟也，芟末无袖端也。"《宋书·周郎传》记载："凡一袖之大，足
断为两，一裾之长，可分为二。"可知衫子的袖子和衣身之宽大。衫子穿
着时大袖翩翩，潇洒飘逸，无论是上层人士，还是下层黎民百姓，都以这
种宽衣大袖为时尚。褒衣博带为魏晋时期的主要服饰风格，非常具有时代
特色，尤其为文人雅士所喜爱。衫子的穿着也自然如此。衫子穿着的代表
人物主要是"竹林七贤"中的刘伶。在士大夫阶层"褒衣博带，大冠高
履"的情况下，刘伶故意穿着不能登大雅之堂的衫子，袒胸露臂，被发跣
足，以示其不拘礼法。《世说新语·任诞》中有这样的记载："刘伶尝着袒
服而乘鹿车，纵酒放荡。"表现出其狂逸脱俗的气度，也表现了魏晋时期

图 1-14　大袖衫结构示意图

文人纵情放达的情形。

（2）裤褶

裤褶是一种上衣下裤的形式，最初为胡服，主要用于军旅，不分男女。《晋书·舆服志》记载："袴褶之制，未详所起，近世凡车驾亲戎，中外戎严服之。"后来裤褶进入中原，逐渐被汉民族吸纳，成为汉族军队的军服，又日渐于民间流行开来，成为社会的普遍装束。裤褶作为日常服装，男女均可穿着。裤褶分为裤与褶，褶就是款式紧身的上衣。按《急就篇》上所说："褶为重衣之最，在上者也，其形若袍，短身而广袖，一曰左衽人之袍也。"不同于汉族的右衽，褶通常样式是对襟或左衽，长不过膝，与裤子配套，称为"裤褶"。褶为较紧身或者贴身穿着的上衣，而裤褶之裤，属于有裆裤，穿着较为轻便，但裤身依然较为宽松，与汉族的裙、袍在形制上有很大差异。为了方便行动，人们用带子从膝盖部位将裤管紧系，使其不易松散，叫缚裤。裤褶带有汉族显著的"广袖朱衣大口裤"的特点。图 1-15 为着裤褶的北朝妇女形象。图 1-16 为裤褶、缚裤结构示意图。

图 1-15 着裤褶的北朝妇女形象

图 1-16 裤褶、缚裤结构示意图

（3）抱腰

抱腰是南北朝时期的一种内衣，是随着衫子的产生而出现的。南朝的女子喜欢穿着轻薄的衫子，有时嫌它过于薄、透，于是用一块或几块布料叠合，上下封釉系带，围在腰间，形成抱腰。《释名》中有记载："抱腰上下有带，抱裹其腹上。"抱腰可以贴身穿，也可围裹在衣裙外面穿着，属于内外皆可穿着的形制，并起着束腰的作用，如同现代内衣中的腰封。

（4）发展后的裲裆

魏晋时期的裲裆在秦汉时期的裲裆基础上有了新的发展，主要是进一步发展为可外穿的服饰。裲裆可以看作后世抹胸的雏形，也是现代文胸的前身。裲裆本来只属于内衣，穿在外衣里面，裹在胸前，但到魏晋时期则开始由内衣向外衣发展，变成了可外穿的服装。演变后的裲裆比较短，前后身各有一片，相对比较紧身，在肩部和侧缝处用布条连接，既可穿在衣服里面，也可穿在衣服外面，并且可以刺绣花纹加以装饰，也可用五色织锦进行制作，还可夹缝棉花丝絮，或单层无里，适合各种季节穿着（图 1-17）。《搜神记》卷七记载："至元康末，妇人出裲裆，加乎交领之上，此内出外也。"可见裲裆还成了女性装饰自己、美化自身的服饰。裲裆甚至还被制成铠甲用于士兵作战时穿着。裲裆也是现代马甲的前身，不

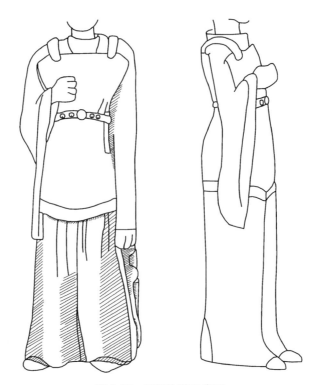

图 1-17　裲裆穿着示意图

过南方称为马甲，北方称为背心或坎肩。现代马甲有单的、夹的、棉的、皮的，还有针织的，内外皆可穿着，用于保暖，亦可用于装饰，与魏晋时期的裲裆在功能上极为相似。通常穿在外面的裲裆稍微长一些，穿在里面的则要短一些。且不分男女，均可穿着。用现代服装设计的眼光来看，裲裆可认为是现代内衣外穿的源头。

（5）假两

在南朝末年还出现过一种类似裲裆的内衣，为方形的贴身衣物，不论尊卑都可穿着。穿着时衣片遮挡在胸前，正看与裲裆并无差别。只是裲裆有前后两片，一片挡住前胸，一片挡住后背；而这种方形的贴身衣物只有前片而无后片，因此被戏称为"假两"，意思是假的裲裆。《南史·齐纪下》有关于假两的记载："先是百姓及朝士，皆以方帛填胸，名曰'假两'，此又服袄；假非正名也，储两而假之，明不得真也。"

（6）反闭

还有一种称作"反闭"的内衣，也属于贴身穿着的衣物。对于这种内衣，《释名·释衣服》有这样的解释："反闭，襦之小者也，欲向著之，领含于项，反于背后闭其襟也。"根据该段文字描述，反闭的形制应该是将前后两片缝缀在一起，于后背中心处开对襟，穿着时在背后系纽结固定，与抱腹也有几分相似，"反闭"的名称也由此而来。

（7）心衣

心衣也是晋代具有代表性的内衣，与汉代的心衣较为接近，但样式稍有不同。汉代的心衣两侧有系带，肩上有"钩肩"，而晋代的心衣通常只是用吊带或束带在后背加以束缚，与后世女性内衣中的抹胸极为相似，可以说后世女子的抹胸是在晋代心衣的基础上发展而来的。从功能上讲，晋代的心衣实则为汗衫，但与汉代的汗衫不同。汉代的汗衫紧身合体，而晋代的心衣样式较宽大，便于穿着时通风透气，且主要为男子贴身衣着。现收藏于美国波士顿美术馆的《北齐校书图》，相传是由北齐杨子华创作的绢本设色画，画的是北齐天保七年（556年）文宣帝高洋命樊逊和文士高干和等人负责刊定国家收藏的《五经》诸史的情景。图中描绘的三组人物中，中间一组为士大夫四人坐于方榻之上，四人上身均穿着透明纱衫，着吊带长袍，尤其是右手执笔、左手扶着书卷的一位士大夫，其穿着心衣的样式非常明显，可见当时心衣穿着的普遍性。

（8）袜

这里顺带提一下"袜"。袜是魏晋南北朝时期出现的一个新的内衣概念，属内衣的一个品种。与现代的袜不同，它是专供女性贴身穿着的一种内衣，完全不同于现代穿在脚上的袜子。隋炀帝在《喜春游歌》中有"锦绣淮南舞，宝袜楚宫腰"的诗句。这里的宝袜即为腰彩，就是专用于女性束腰的彩带，女子穿上它可以获得苗条的腰身。隋炀帝用此诗句来歌咏女子的内衣。袜的出现，为隋唐服饰袒胸露乳的风尚埋下了一定的伏笔。

（五）隋唐时期的内衣

唐代开放的民风及兼收并蓄的文化背景使得唐代的服饰有了很大变化。唐代的妇女社会地位较高，受封建礼教的束缚也很少，服饰风格也较为开放，并非常注重服饰的美化效果。

该时期比较有特点的是在女装中出现过许多大袖纱衣和袒胸襦裙，襦裙为束胸、曳地的大幅长裙。袒胸襦裙里面不穿内衣，即不穿裹肚、抹胸之类的贴身内衣，袒胸于外。有诗云："慢束罗裙半露胸""粉胸半掩疑晴雪""二八花钿，胸前如雪脸如花"。可见，唐代女子衣着的袒露开放比起今天的女子有过之而无不及。图1-18为低胸袒领大袖衫结构示意图。在这种袒露开放的风气影响下，用于遮掩女性胸部的内衣似乎也显得不那么重要了。

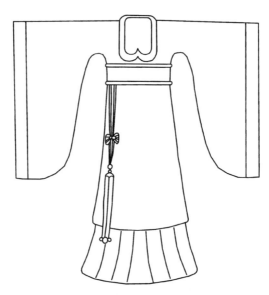

图 1-18　低胸袒领大袖衫结构示意图

　　唐代的大袖纱衣质地轻薄，穿着时肌肤在薄透的纱衣下朦朦胧胧、隐约可见（图 1-19）。白居易在《长恨歌》中云："春寒赐浴华清池，温泉水滑洗凝脂。侍儿扶起娇无力，始是新承恩泽时。云鬓花颜金步摇，芙蓉帐暖度春宵。"还有历代名家的《贵妃出浴图》，均表现的是杨贵妃出浴的情形，仅以轻纱遮体，里面不着内衣，娇柔无比。

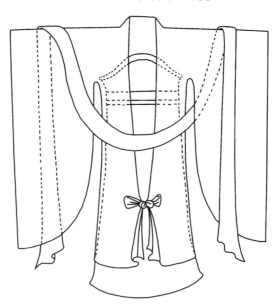

图 1-19　大袖纱罗衫结构示意图

从唐代女子的着装来看，该时期女性内衣似乎可有可无，但在这一时期的女性服饰发展中，出现过一种名为"柯子"的内衣（图1-20）。与之前缀有带子的心衣、抱腹不同，柯子无肩带，只在侧边开合，用束带围系于裙腰之上，用以掩盖胸部，与今天的胸罩很相似。柯子的出现与唐代的女子以胖为美、并喜欢穿着半露胸的裙装是有很大关系的。唐代的女子穿着裙子时喜欢将其在胸部束起，胸下系一阔带，使得胸部高高耸起，柯子则若隐若现。因此，内衣的面料、质地、色彩、花纹都非常讲究。

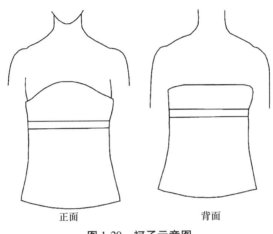

正面　　　　　　　　背面

图1-20　柯子示意图

（六）宋元时期的内衣

1. 种类

隋唐时期服饰已达到了空前的开放。进入宋代，北宋与南宋在各方面的发展都极不平衡，整体政治形势也远不及唐代稳定。元代大一统局面中，也包含着民族压迫的成分。这一时期的人们渴望和平及社会稳定，再加上受到程朱理学的影响，服饰变得少开放而多束缚。这一时期除了有衫子、背心、抹胸、裹肚外，还出现了一种名为合欢襟的内衣。

2. 形制特点

（1）衫子

衫子为宋代比较流行的贴身穿着的衬服内衣。与魏晋时期宽大袖口的衫子不同，宋代的衫子袖口较小，袖身较短（图1-21）。衫子通常为单层，形式多种多样，男女皆可穿着。衫子的制作沿袭了唐代的做法，多以轻纱为主，颜色主要为淡色，有凉衫、紫衫、白衫等。衫子的轻薄有诗句为证："薄罗衫子薄罗裙""轻衫罩体香罗碧""衫轻不碍琼肤白"，描写的就是衫子的轻薄和颜色的浅淡。

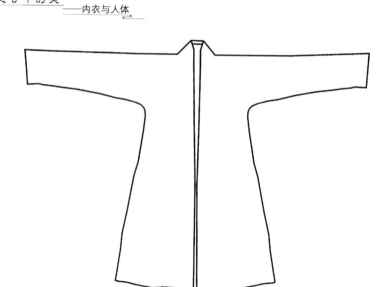

图1-21 宋代衫子结构示意图

（2）背心

背心是一种无袖的服装，可以包覆前胸、后背，与魏晋时期的裲裆极为相似，而款式有所不同。背心原本是作为内衣穿在里面的，但在宋代妇女身上得到了进一步发展，逐渐根据不同的穿着场合和作用，发展成内、外均可穿着的服饰。现代的背心也是由此发展而来的。

（3）抹胸及裹肚

在宋代的内衣中，有两种主要用于女子贴身穿着的内衣，即抹胸和裹肚。抹胸是遮挡胸部的贴身内衣，较为短小，上覆乳，下遮肚，围在胸腹前，用纽扣或横带收紧，穿着时裸露肩部和胸上部。宋代黄昇墓出土的实物显示，抹胸为两层，所用材料为素绢，内衬有少量丝绵；长55 cm，宽40 cm；上端及腰间各有两条绢带，长34～36 cm，用于系结。图1-22为根据出土实物所绘制的抹胸结构示意图。宋代河南禹县白沙墓内壁画中也出现过围抹胸的妇女形象。图1-23为根据宋代壁画所描绘的抹胸结构示意图。抹胸的形

图1-22 抹胸结构示意图

态与魏晋男子的心衣样式极为相似，只是更为紧身合体一些。因此，可以推测宋代的抹胸应是在魏晋男子心衣的基础上发展而来的。另一种女子贴身穿着的内衣为裹肚，与抹胸相比较为短小，功能上也略有差异。裹肚主要是用来包裹住腹部的，具有保温护体的功能，也能对身体进行适当遮挡。图 1-24 为穿着裹肚的宋人形象示意图。

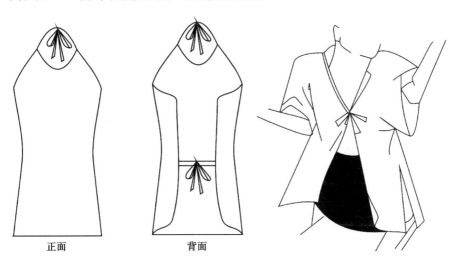

正面　　　　　　　　背面

图 1-23　宋代女子抹胸结构示意图　　　图 1-24　穿着裹肚的宋人形象示意图

（4）合欢襟

元代出现了一种新的贴身穿着的内衣，名为合欢襟。合欢襟与抹胸较为相似，但其穿着时由后及前，背后以两条交叉宽带相连，在胸前用一排扣子系合，或用绳带等系束（图 1-25）。面料用手感厚实的织锦居多，图案一般为四方连续纹样。合欢襟穿着较为紧身，以显示出一定的性感气息。

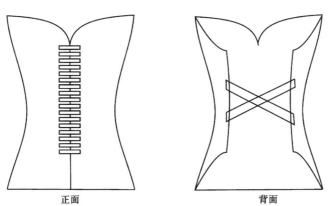

正面　　　　　　　　　　　背面

图 1-25　合欢襟结构示意图

（七）明代内衣

明代贴身穿着的内衣主要是抹胸和主腰，这两种都属于紧身型的内衣。抹胸和主腰与宋代的抹胸和裹肚有相似之处，但形态又有一定的差异，穿着上更加合体。抹胸穿着时直接围裹在女性胸前，自胸前包裹至背后，再由细带系扎固定，主要用于遮胸和覆腰。抹胸一般类似菱形，也有长条形，为开襟，两襟各缀有三条襟带，在肩部及腰部有系带，即在肩部有裆，裆上有带。将所有襟带系紧后形成明显的收腰。

主腰与抹胸形制较为相仿，作用也基本相同，但抹胸重在遮胸，主腰则重在覆腰；抹胸的下摆部分能遮盖腰腹部，而主腰上延也能遮挡胸乳部；抹胸以菱形为主，主腰则以长条形为主。从抹胸与主腰的紧身穿着状态可以看出，在明代中叶，开放的社会风尚下妇女已懂得利用服饰对人体形态加以修饰，展示人体之美。

明代的内衣除了紧身的抹胸和主腰外，还有衫子，衫子属于宽松型的贴身穿着的内衣。衫子在魏晋时期及宋代均作为贴身内衬的衣服出现过，但与明代款有所不同。明代的衫子主要用作女性的服饰，宽松，无袖端，衣身较短，长度及腰部或膝部。衫子有对襟和交襟两种形式，可作为内衣，亦可作为外衣穿着。

此外，明代还出现过被称作"小衣""裙子"的内衣。据一些小说中的描写，小衣应该是一种贴身穿着的内裤。小衣形制较小，穿着在下体部位保护裆部，因此又称作"下衣""里衣"。不过小衣在明代宽大的服装之内穿着并不普遍，那时人们较多地穿着的依然是无裆裤。明代的裙子与后世的裙子并不完全相同，在古代的下装中，有裆的为裤子，无裆、无裤管、敞口的则为裙子。明代的裙子通常贴身穿着，无衬里，因此也被当作内衣。明代的女性穿裙子的较多，穿裤子的较少，裙子颜色一般较为浅淡。

（八）清代内衣

清代的内衣与明代相比，品种减少了很多，款式上也相对比较单一，对女性人体美的展示也并不明显，这与清代女子思想意识的保守有很大关系。清代的内衣除了贴身穿着的衬衣、小袄外，最有特色的就是肚兜了。肚兜与抹胸很相似，应该是在抹胸的基础上发展而来的。肚兜通常做成菱形，上部缀有带子，穿着时将带子套在颈间，或在颈间系结；下侧呈倒三角形，遮过肚脐，直达小腹部位；腰部左右两侧另有两条带子，穿着时系束在背后。肚兜只有前片，后背袒露（图1-26）。肚兜的材质多为棉、丝绸，系束用的带子也并不局限于线绳，富贵人家用金链的较多，中等之家用银链、铜链的较多，小家碧玉则多用红色丝绢为带。肚兜的造型可根据需要做成多种复杂的形态，看起来美观、大方。图 1-27 为根据清代的肚兜实物绘制的肚兜结构示意图，其整体造型与变化的坎肩形态较为接近，颈部周围的形态则像云肩，显示出了设计者的别出心裁和精湛的技艺。清代的服饰非常注重对装饰纹样的应用，肚兜也不例外。肚兜上通常有各类精美的刺绣图案，如虎、蝎、蛇、壁虎等动物图案，用以护身驱邪以祈平安；荷花、鸳鸯刺绣图案则是反映情爱的永恒的主题。肚兜加绣各种寓意和色彩的刺绣图案后，显得更加精美。除了刺绣图案，肚兜还有多种造型形态以表达各种寓意，如古人用前圆后方的造型来表达天人合一的传统思想理念。图 1-28 为清代如意形状肚兜结构示意图，该形状用于寄如意于人生，寄托人们对平安如意的美好生活的祝愿。

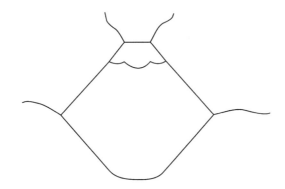

图 1-26　普通肚兜的结构示意图

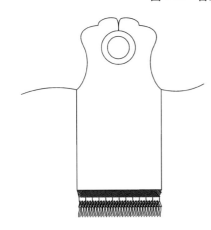

图 1-27　清代较有特色的肚兜结构示意图

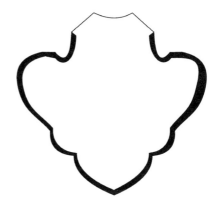

图 1-28　清代如意形状肚兜结构示意图

到清代末期，贴身穿着的肚兜由于受到西服东渐的影响，在保持传统肚兜风格的基础上，出现了一些新的形制和造型，在结构上更加合体，对女性体形的表现也有所突出。尽管清代的内衣相较于明代要单一和保守一些，但肚兜的流行足以展现中国女性的万种风情。

（九）民国时期的内衣

民国初期女子的内衣仍沿袭着清代肚兜的样式，但在装饰上有了一些变化。这一时期封建意识的影响依然很严重，尤其是女性的双乳被视为淫荡的象征，因此女子发育成熟后，必须用布条将乳房束缚起来，避免凸显女性胸部的性感特征。该时期虽然有肚兜这种遮掩女性胸部的内衣存在，但实际生活中女性穿着肚兜并不多见，而是多以束胸布束缚双乳，使胸部平坦。该时期女性外观形态多表现为胸部平平，缺乏女性的性感特征。

辛亥革命之后，民主、科学之风盛行，女性地位逐渐提高，此时一种名叫小马甲的内衣慢慢流行开来。这种马甲与清代贴身穿着的马甲不同，形制较为窄小，通常有对开襟或侧开襟两种形式。襟上也有数粒纽扣，穿着时通过纽扣系结将女子胸腰部位裹紧（图1-29）。此时的小马甲已吸收

正面（一）　　　　　　　背面（一）

正面（二）　　　　　　　背面（二）

图1-29　民国小马甲示意图

了西方内衣的某些特点，与人体形态的吻合度有了进一步提高，能适当突出女性胸部圆润的特征，在一定程度上也展示了女性性感的胸部曲线。

20世纪20年代，出现了反抗束胸的"天乳运动"。"天乳运动"的开展使一些新潮女子开始放开胸部，即放开束缚着乳房的束胸布，让女子乳房自由地呼吸，健康成长。女性放开胸部后，乳房彻底得到了解放，身体一下子变得轻松自如。但随着胸部的放开，女性乳房失去了内衣的保护和支撑，许多不便之处在日常生活中逐渐显露出来，人们又开始追寻新的合适的内衣。

该时期部分新潮女性已开始模仿西洋女性束腰凸胸的姿态，开始追求女性的曲线美，也正是在这时，乳罩（当时称为"义乳"）漂洋过海来到了中国。乳罩最大的特点并不是束缚胸部使胸部平坦，相反，是突出胸部，表现女子美好的胸部曲线。与此同时，旗袍也以一种全新的样式脱胎换骨进入时尚女性的生活中。此时的旗袍已开始有了一些收腰的样式，将穿着乳罩的女性身材衬托得凹凸有致。这些现象从该时期的一些乳罩广告及穿着旗袍女子的画报中均可反映出来。内衣广告对现代女性来说早已司空见惯，但对刚刚摆脱封建思想束缚的民国时期的女性来说是惊世骇俗的，不过这也恰恰说明了随着西风东渐的影响，女性人体美逐渐被人们接受和认可，女性内衣也迎来了发展时机。

随着乳罩在中国的出现，中国的女子内衣进入了新的划时代的发展阶段。受西方服饰的影响，女性内衣开始出现西式内衣和吊带式内衣两种形式。西式内衣主要呈两截式的形式，即内衣上下身是分开的；吊带式内衣则上下连为一体，前后片在肩部以吊带相连，有些在内衣下部还装有吊袜带。西式内衣的引进对中式内衣产生了重要影响，主要表现在西式肩带的使用上。中式内衣吸收了西式内衣的特点，并在其基础上进行了改良，出现了亦中亦西的、采用西式肩带而在旁侧开襟的改良胸衣（图1-30）。

随着中西服饰文化的进一步交流，社会风气进一步开化，人们的思想观念也悄悄发生着变化。人们已不再鄙视乳罩，不再对其指指点点，反而从乳罩对女性体形的修饰中得到了一种欣赏女性人体美的视觉享受。在中国内衣发生巨大变化的过程中，国外还在继续传过来一部分与小马甲样式较为相似的内衣，形成了今天不论男女均可贴身穿着的背心。

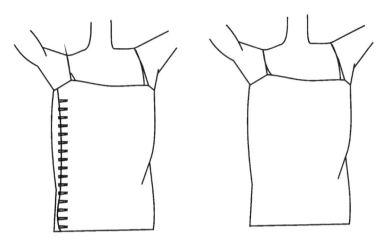

图 1-30　旁开襟改良胸衣示意图

　　总体来说，民国时期内衣形制发生了巨大变化，这种变化主要是由于受到西方服饰文化观念的影响。这种变化既体现着女性身体的解放，也体现着女性地位的日益提高。与明清时期对女性身体的束缚相比，民国时期的女性身体得到了空前的释放。可以说民国时期女性内衣的发展变化在女性解放运动及中国服饰发展史上都有着积极的推动意义。

（十）现代与当代内衣

　　20 世纪五六十年代，女性内衣中较为普遍的是背心、汗衫、内裤之类的形式，款式较为简洁，样式也比较单一，甚至没有明显的性别之分。随着改革开放的到来，服装开始走向新生，能真正体现女性体形的胸罩正式进入中国女性的日常生活中，并开始流行起来。此时的胸罩款式仍然较为简单，颜色和材料也较为单调。颜色主要以单色为主，白色居多，所用材料主要为白棉布。尽管胸罩的款式单调，但其结构造型与女性胸部形态较为吻合，已能对胸部起到一定的保护和支撑作用。胸罩的系束方式有后系扣、旁侧系扣和前系扣三种形式，长度可以到达胸下部，也可以到达腰上部。图1-31为传统的前系扣棉布胸罩。与今天的文胸相比，那时的胸罩没有弹性，也没有支撑用的钢圈。由于经历了服装的无性别化差异这一

图 1-31　传统的前系扣棉布胸罩

特殊的时期，大部分女性对胸罩的功能并不了解，也没有真正意识到胸罩对人体的保护、支撑作用及对人体体形的修饰和调节作用，因此对胸罩的穿着需求很大程度上只是依据社会风尚和服饰潮流而定。可以说此时的人们对女性形体美的追求还只是处于一种朦胧的状态。

进入20世纪90年代，随着女性内衣新面料、新科技手段的发展，并随着国外的内衣产品陆续进入中国，人们终于发现了内衣之美及女性体态之美，女性对内衣的关注和重视开始与日俱增。20世纪90年代是中国女性内衣真正开始发展的时期。男性内衣除了在面料上有些变化外，种类与款式基本没有太大变化，主要是背心、汗衫和三角裤，但女性内衣的种类和造型发生了翻天覆地的变化，除了汗衫、内裤这些基础内衣外，主要在调整体形、保健、运动等功能性内衣方面有了重大发展，出现了文胸、腹带、束腰、束裤、连体内衣等样式，甚至还出现了运动休闲类的运动内衣及各类保健内衣，并由此衍生出多种款式的可用于外穿的内衣。图1-32至图1-35为现在常见的各种款式和功能的内衣。此时的女性已开始真正接受

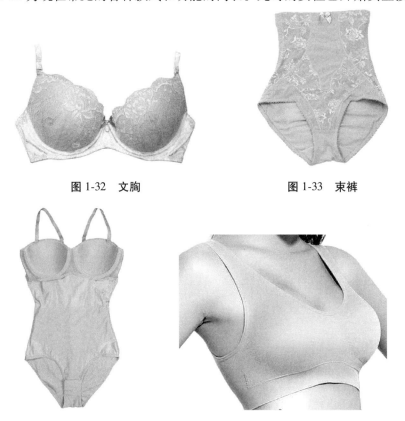

图 1-32　文胸　　　　　　　　　　图 1-33　束裤

图 1-34　连体内衣　　　　　　　　图 1-35　运动内衣

内衣，并逐渐认识到各种内衣的功能和作用。这一阶段内衣革命性的变化还得益于莱卡弹性纤维的发明和普及。莱卡弹性纤维的使用使内衣能自由地拉伸与收缩，也能紧密贴合人体肌肤，不会牵制人体运动，因此内衣也被喻为人体第二层皮肤。此时的内衣既可紧密贴合人体，又能使人体自由舒展，具有极好的贴体性和运动舒适性，在表现人体形态上又迈出了重要一步。

时代的变化，人们思想观念的转变，高科技手段的助力，给当代内衣注入了新鲜的血液，内衣行业进入了空前的繁荣期。内衣品牌、内衣企业、内衣专卖店如雨后春笋般纷纷问世，甚至内衣专业也应运而生。内衣成了服装设计中的一个重要门类，其设计与生产也成为服装研究的一个重要方向。此时的内衣除了具备调节体形、保护身体等功能外，还被赋予了新的文化内涵，它一改往日人们脑海中对内衣的庸俗、低级趣味的误读，而派生出一种充满女性魅力及健康向上的积极的审美倾向，这也体现出新时代中华民族的服饰文明的特点。

第二章 内衣外穿：女性地位之争

服饰产生之初并无内、外衣之别，在形制上也没有内、外衣的严格界定，更无男女性别穿着上的差异，因此早期并没有形成单独的内衣体系。人们只是将贴身穿着的衣物认为是内衣，这种观念与现代内衣的分类有某些相似之处，如现代服装中，汗衫、棉毛衫、背心、裤衩等贴身穿着的衣物可归为内衣，这部分内衣功能比较简单，都属于基础内衣。但以现代的眼光来看，真正意义上的内衣，尤其是女性内衣，与上述内衣的概念是有很大不同的。现代人眼中的真正意义上的内衣包括胸罩、吊带背心、内裤、束裤等，它们不仅仅是贴身穿着的衣物，还是具备某些特殊功能的服饰，在保护人体、塑形、保健等方面有其独到的作用。这些衣物往往属于个人隐私的一部分，一般不能轻易示于外人。但在人类文明发展进程中，一些内穿的衣物也会逐渐演化成外穿的服饰，造成"内衣外穿"的现象，这种现象的发生与服饰发展过程中人体审美的变化及女性地位的不断提高是密切相关的。

一、萌芽——男女有别

从文献资料记载及对考古文物的分析可以大略推断中国内衣的整个发展过程。从服装的穿着方式来看，可认为内衣外穿始于魏晋时期的裲裆，裲裆的出现及其后期的发展也为内衣的男女性别分化打下了重要基础。

秦汉以前，服饰形制较为简单，并没有严格意义上的内衣，只要贴身穿着的服装，均可被认为是内衣，内衣也主要起着遮挡、护体和装饰的作用。那时，内、外衣在形制上并没有严格意义上的区分，也没有明确的内、外衣的概念，甚至会出现内、外衣混穿的现象。由于服饰形制在早期并不发达，服饰在穿着上也无男女性别之分。直至进入秦汉时期，服饰形制开始发展，服饰的种类逐渐丰富起来，内衣的概念逐渐得以明确，并出现了多种形式的内衣，常见的有汗衫、抱腹、心衣等，无裆裤也作为一种内衣贴身穿着，外被深衣严密遮挡。裲裆就是在这一时期出现的，但裲裆的真正发展则是在魏晋时期。裲裆是现代背心的雏形，《释名·释衣服》记载："其一当胸，其一当背也。"裲裆无袖，但有前后片，穿着时挡住前胸和后背，且紧贴身体，起遮掩和保护的作用。但若以内衣论，此时的裲裆并没有性别之分，男女皆可贴身穿着。既然无性别之分，也就很难将其与"性感"二字联系起来。值得一提的是，这一时期的内衣出现了一个明显的特征，即在穿着上出现了明显的社会等级分化的倾向，且社会等级差别越大，服饰的差异也越大。如下装中的犊鼻裈就是下层贫民百姓的专属内衣，其形制短小，常常用于外穿，以便于劳作，但也因此常为上层阶层所不齿。

至魏晋时期，由于社会动荡、政治污浊，再加上无休止的战争，整个社会民不聊生。此时各民族开始大规模地迁徙和交流，这种生存环境使人们的文化思想和生活习俗等逐渐趋于融合，民族服饰也相互影响。魏晋时期的人们注重肌肤形体、身姿体态、风度举止、容貌神情等方面的外在表现，这也是少有的对人体美及人体容貌气质过分关注的历史时代。捧美贬丑的社会风气也因此在这一时期流行开来，用"以貌取人"来描述该时期人们的心态毫不为过。文献资料对此也有很多记载。晋代荀粲直接宣称"妇人德不足称，当以色为主"（语见《世说新语·惑溺》）。从这句话可以看出，有了"色"，连"德"都显得无足轻重了。对貌美之人，妇孺都充满爱赏之心；而对貌丑之人，则群起而攻之。这反映出当时对人的形貌、仪容进行审美性观赏已成为一种社会风尚，但用现在的眼光来看，这实则是一种畸形的审美风尚。全社会对人的风姿神貌的欣赏热情，甚至使有些人因相貌而发生人生命运的改变。《世说新语·容止》记载：东晋时，苏峻反叛朝廷，任中书令的庾亮及其弟实有放纵之责，后庾亮随大臣温峤投奔讨伐苏峻的征西大将军陶侃，陶侃语于温峤曰："苏峻作乱，衅由诸庾，诛其兄弟，不足以谢天下。"于时庾在温船后，闻之，忧怖无计，别日，温劝庾见陶，庾犹豫未能往，温曰："溪狗（即陶侃）我所悉，卿但见之，必无忧也！"庾风姿神貌，陶一见便改观，谈宴竟日，爱重顿至。从这一记载可以看出，仅仅因为庾亮的"风姿神貌"，陶侃便能对他一见改观，竟对他放纵苏峻反叛朝廷之事毫不追责。南朝时期，姿容风貌甚至成为皇帝赏拔、宠爱臣下的条件。《宋书·谢晦传》记载："晦美风姿，善言笑，眉目分明，鬓发如点漆，涉猎文义，朗赡多通，高祖深加爱赏，群僚莫及。"《晋书》中也记载了晋武帝为太子选妃时，明确提出相貌端庄、身材高挑、肤色白皙的标准。可见在魏晋时期，上至帝王，下至百姓，以貌取人已成为一种社会风气，甚至对人物的评判也不以功业而以风姿容貌为准了。在这种追求形体风貌的社会风气下，服饰的修饰美化作用自然就成了魏晋文人士大夫的追求。所谓人靠衣装马靠鞍，华美的衣服对人的风度、气质起到了重要的提升和表现作用，因此深受上流社会男子的追捧。

魏晋南北朝时期由于处于上承两汉传统、下开隋唐新风的承上启下阶段，人体形态之美的标准也不断嬗变。受审美标准的影响，人们的着装风格也变化多端，整个时期因此而展示出了一系列的着装风貌。从华服的修身美体到粗服的浪漫甚至张狂，无一不体现出魏晋时期的服饰美学思想。服装宽衣大袖、肥大而飘逸，体现出魏晋时期服饰"褒衣博带"的时代特点；人们时而又裸态装身，体现出晋代男子狂放不羁的风貌。

魏晋时期的男装是中国男子服饰的一次创新与尝试，服装风格不断发生变化。受到"褒衣博带"着装风格的影响，宽大的衫子作为贴身穿着的衣物逐渐代替了前朝流传下来的紧身贴体的内衣，成为这一时期的主要内衣品种，并对该时期内衣的发展产生了重大影响，主要表现为内衣的形制开始发生变化，变得宽松、舒适。受到男子服饰的影响，内衣也开始出现男女性别分化的现象，女性内衣也正是在此时得以独立出来并开始发展。在随后的发展进程中，随着民族大融合及各民族服饰间的相互影响，内衣的种类日渐丰富，作为内衣种类之一的裲裆开始进一步发展。此时裲裆出现了一个明显的变化，即由女性贴身穿着的衣物逐渐演变为外穿的服饰。这种服饰经过不断演变，至宋代发展成既可内穿又可外穿的背心。图2-1为宋代穿着背心劳作的妇女形象。从裲裆"内衣外穿"的发展过程可以看出，

图2-1　宋代穿着背心劳作的妇女形象

那时的女子已表现出开放的生活情趣及追求时尚之美的思想。可以说，裲裆的"内衣外穿"是现代女性内衣外穿的雏形，裲裆的出现与发展，开创了女性内衣外穿的先河，为今天女性内衣朝气蓬勃的发展和延伸埋下了重要的伏笔。

二、突破——男女平等

（一）女着男装的隋唐风貌

南北朝时期，随着内衣男女性别的分开，女性内衣得到了空前的发展，甚至出现了专业化发展的趋势，主要表现为内衣种类繁多，形式多样，甚至开始出现能够体现女性性感气息的内衣，即可以用于束胸的内衣。束胸内衣第一次将女性胸部曲线大胆地展现了出来。从沈从文所著《中国古代服饰研究》中南北朝仕女服饰图片可以看出，南北朝时期的女子着装已较为大胆、开放，领口开得又大又低（图 2-2）。袒露的领子、束紧的胸部将女子丰满的胸部形态表现了出来，与唐代女子袒胸露乳的着装形象极为相似。可以说南北朝服饰及女性内衣的发展为唐代开放的服饰风气打下了重要的基础。

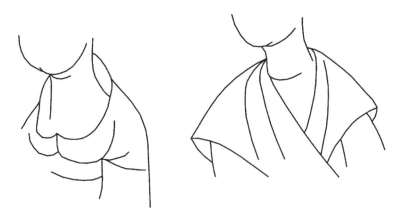

图 2-2　南北朝仕女露领装服饰示意图

如果说魏晋时期的裲裆开创了中国女子内衣外穿的先河，唐代女子则将女性内衣外穿演绎得淋漓尽致。与以往任何时代内衣的严密、保守都不同，唐代女子的内衣开放、大胆，穿着时半遮半露，展示出女子的万般风情，这与唐代女子的服饰形态及着装风气是有很大关系的。唐代的女子喜爱穿着半露胸式的裙装，她们将裙子在胸围线上方高高束起，胸下再另系一条宽宽的腰带，两肩、胸部上方及后背均袒露，裙装外再外披一件薄纱大袖衫。这种半露式裙装穿着时内衣若隐若现，如同透视装一般，因而内衣面料极为考究，色彩缤纷，与今天时装界倡导的"内衣外穿"有着惊人的相似之处。从唐代周昉绘制的《簪花仕女图》中可以看到唐代女子穿着薄纱低胸绣花衫，内衣影影绰绰，女子丰满的胸部形态也完全显露出来。这种着装形式甚至延续到了宋代。元代《西厢记》中所描述的宋代女子，也是用抹胸掩起千般风情、万种妩媚。

　　唐代是古代政治、经济、文化全面繁荣发展的时期，是中国古代社会发展的鼎盛时期，唐代的中国也是当时世界上文明最先进的国家之一。强盛辉煌的大唐王朝高度自信，国运昌隆，对异族也多实行宽容优待的怀柔政策，加上当时政府推行的"开放性"政策，极大地促进了文化、经济的交流。政治、经济、文化的开放，对外来文化的吸收和接纳，使唐代在服饰上表现得极为开放、开明。服饰的开放、自由与浪漫，体现了唐代人们个性的张扬，但这种张扬并非为了彰显地位、身份、等级，也并非为了邀宠，而是为了体现自身的魅力和美感。

　　除了女性服饰的开放和袒露外，唐代还出现过女着男装的着装风貌，这是历史上前所未有的现象，体现出唐代对女性极大的包容性，也反映了女子极高的社会地位。女着男装展示的不仅是服饰审美中的中性化境界，更是唐代开放、包容和平等的服饰文化氛围。它不是个别的偶然的现象，而是一种形成了一定气候的全新思维方式，一种全新的着装风气，一种全新的社会氛围。这对中国女性不断争取自身解放、争取自身地位的提高有着极大的鼓舞作用。豪迈、潇洒之风对传统着装观念的冲击与刷新，使得穿着男装的女性对自身有了前所未有的自信与珍重，她们营造了一个想有所为而最有所为的充满朝气、欣欣向荣的时代氛围。

　　女着男装首先出现于上流社会。《旧唐书·舆服志》记载了杨贵妃女着男装这一新潮文化现象："开元初（713 年），从驾宫人骑马者，皆着胡帽，靓妆露面，无复障蔽。天宝中（742—756 年），士庶之家，又相效仿，帷帽之制，绝不行用，俄又露髻驰骋，或有着丈夫衣服靴衫，而尊卑内外，斯一贯矣。"《新唐书·李石传》记载："吾闻禁中有金鸟锦袍二，昔玄宗幸温泉与杨贵妃衣之。"《新唐书·五行志》还记载了太平公主女扮男装的风貌："高宗尝内宴，太平公主紫衫、玉带、皂罗折上巾，具纷砺七事，歌舞于帝前，帝与武后笑曰：'女子不可以为武官，何为此装束？'"面对女儿男装扮饰，帝后不曾训诫，不曾斥退，没有伦理风化的联想和担忧，没有闺阁风范的强调，而是以宽厚的心态予以默许，甚至还有欣赏的意味。当然，在当时的社会风气下，女着男装不只发生在贵妃、公主身上，这种现象在现实生活中也较为普遍。《中华古今注》记载："至天宝年中，士人之妻，著丈夫靴衫鞭帽，内外一体也。"《旧唐书·舆服志》记载："或有著丈夫衣服、靴、衫，而尊卑内外斯一贯矣。"说明在唐代，不论身份、地位的高低尊卑，女着男装已是一种社会风气和服饰风尚。除了这些文献记载，女着男装也出现在很多遗存下来的图片资料中。敦煌莫高窟有多幅穿着男装的仕女壁画；唐代周昉的《纨扇仕女图》描绘了穿着男装的仕女；唐代张萱的《虢国夫人游春图》也描绘了穿着男装的女子出游的情形。尽管中国传统的儒家思想规定"男女不通衣裳"，但对开放的唐代社会来说，女子并未受此影响。唐人的女着男装，英俊潇洒又不失俏丽，开创了中国乃至世界女着男装的新潮流，同时也开男女平等思想之先河。

（二）淡化性别的 20 世纪 70 年代

在中国内衣的发展历程中，提到性别差异，不得不提到 20 世纪 70 年代，这一时代是中国现代文化历史上的一个"疯狂"时代。在"青年风暴"的影响下，人们追求个性解放，追求男女平等。青年人反对现行体制，反对传统的价值观和审美观。传统美的观念被年轻人摒弃，而简单、舒适、自由是他们想要的生活方式。在男女平等观念的影响下，女性解放运动号召烧掉胸罩，不要女性粉饰，一切向男人看齐。"男人能做到的，女人一样也能做到"，这是 20 世纪 70 年代喊出的口号。在这种新思潮的冲击下，女性服装发生了根本性的变化，主要表现在服装的性别差异被极大地淡化，甚至出现了无性别差异的服装。"不爱红装爱武装"便是这一时期女性着装的写照，即不论男女，都穿着同样的军便装，色彩为灰、蓝、黑、绿，样式单一，充满了男性化的气息。女性失去了胸罩的衬托和女性粉饰，变得毫无个性色彩可言。好不容易为中国女性所接受的胸罩此时又销声匿迹，因此有人评价说这一时期是女性内衣的"黑暗时代"。在此种风潮的影响下，女性内衣品种单调，样式呆板，除了少得可怜的几款棉纱背心和三角裤外，别无选择，材料也都是纯棉布。图 2-3 为 20 世纪 70 年代传统背心式女性内衣样式。简单、舒适、实用是当时女性内衣的基本准则。

这一时期还出现了一种无结构形式的服装，这种无结构形式旨在打破常规，建立真正自然的、符合人体生理特征的、保障人体最大限度的自由度和舒适性的服装形式，这种服装形式在一定程度上反映了当时反传统的社会思潮。受到这种反传统思潮的影响，许多新潮青年将胸衣外穿，令人意想不到的是，这竟然成了一种时尚潮流。至 20 世纪 80 年代末 90 年代初期，随着反传统思潮的逐渐减弱，内衣又开始朝着体现女性形体美的方向发展。女性美也开始被人们重新认识并真正接受，引发了内衣消费的大增长。内衣的设计也得到了恢复及光大，设计更加大胆、暴露、性感，将女性形体塑造得更加美丽。此时"内衣外穿"也逐渐变得普遍，且可外穿的内衣样式也日渐丰富。

图 2-3　20 世纪 70 年代背心式女性内衣样式

随着服装设计的发展，内衣外穿的概念也发生了很大变化，内衣外穿并不是直接将内衣穿在外面，而是将内衣的某些元素作为外衣的设计元素加以运用，如将肩带、蕾丝花边应用在外衣的设计中，或是将某些具有装饰性的胸衣、内裤与外衣进行组合穿着，呈现出一种外穿的风貌。图 2-4 为使用文胸肩带元素设计的吊带裙；图 2-5 为将内穿式背心进行延伸和变化设

图 2-4　吊带裙

图 2-5　背心裙

计后形成的可外穿的背心裙。这种吊带裙或背心裙曾经只是作为衬裙加以穿着，但如今已是极为平常和普遍的外穿的服饰。

从 20 世纪 70 年代初到迎来改革开放，从女性内衣发展陷入低谷到女性内衣随着中国服装业的发展开始蓬勃发展，直至今天，现代女性内衣发展经历了近 50 年的时间。这一阶段伴随着女性社会地位的不断提高及女性人体审美观念的不断变化，也伴随着国际时尚潮流的不断变化与轮回，内衣的发展已经历了天翻地覆的演变，无论在款式、功能还是面料上都有了前所未有的提高，但无论其怎样发展，内衣外穿的风潮始终都没有停止过。

三、回归——艺术与自然的较量

内衣外穿，看似是一种反常规的穿着，但它并非凭空产生，而是始终伴随着一定的社会思潮出现在人们的视野中。它代表着性感和时尚，也传达着一种自然的力量。尤其是今天，它所代表的时尚和流行趋势，不仅仅只是那些追随潮流的时尚人士乐此不疲追求的，也是那些经不住诱惑的普通女性急于尝试的。曾经受传统文化及"禁欲主义"思潮影响的人们，他们曾经谈"性"色变，不过这也只是因为人们片面化地理解了有关"性"的内容，甚至不敢谈跟"性"有关的任何事物，认为"性"是丑恶不堪的，无法将其与美好的感受联系起来。但社会文明发展到今天，人们对"性感"一词不再感到难于启齿，性感早已成为人们追逐的对象和风尚。"性感"一词在人们心中的重要程度也已经远远超出了"漂亮""可爱"这些词汇，它是从骨子里透出来的一种成熟、美丽。而内衣外穿则成了性感的一个很好的外在表现和载体。可以说内衣外穿对女性的性感做了全新的演绎，它是对性感的艺术表达。

不管是漫步街头还是浏览网页，内衣广告都屡见不鲜，各种内衣专卖店也令人眼花缭乱。如今大量的明星介入内衣广告已不是新鲜的事情，内衣模特的走秀也不再让人感到别扭。那些越来越豪华、越来越考究的内衣穿在明星和广告模特身上，显示出十足的性感，这种画面在以往实在令人难以想象。由明星们穿着内衣，一方面可以标新立异，引领潮流；另一方面，明星成为内衣产品的代言人，可以提升内衣品牌的竞争力。20 世纪 90 年代以来，内衣从业者开始致力于对内衣的人体体形塑造作用的研究，各种美化体形的功能性内衣应运而生。人们在购买内衣时，也不再只是单纯关注内衣的某种功能，而是希望所购买的内衣在塑造体形的同时也能彰显服装的流行感，充分发挥一衣多穿的效用。人们的着装不仅从"外在美"向"内在美"过渡，而且也更加重视因"内在美"而流露出的"外在美"，这不仅说明了人们着装观念、审美观念的改变，也体现出中国女性已接受了欧美女性着装的现代开放意识。但伴随着服饰的流行与发展，内、外衣的界限有时又变得不那么明确。同时，随着内衣外穿的时尚加速发展，内衣已成了塑造人们社会形象的重要服饰类型。对于女性的胸部，中国人已经由羞于启齿逐渐转变为接纳和欣赏，内衣外穿也成了"性感"的代名词。

　　说到性感，有必要对"性感"一词适当加以溯源。"性感"一词出现于 19 世纪中期至晚期，它是一个现代的概念。它根植于人体，又对用于装饰人体的服饰赋予了特定的意味。在当代，性感所具有的意义不是伴随其诞生而产生的，而是在经过了很长一段时间后才逐渐衍生出来的。李当岐在《西洋服装史》一书中说："所谓性感，即性特征突出，有一定的色情作用，这是唤起人的视觉快感和心理快感，进而升华到美感的一个重要表现手段。"这可以理解为性感是一种美的享受。而性感美与人体是紧密联系在一起的，是不可分割的一个整体。方彭林和姜世正主编的《人体美学》一书表达了这样的观点：性感美是从性心理与审美心理相结合的角度对异性美的观照，是异性外在美和性心理特征散发出的综合美的体现，是包含性感、性魅力在内的使人们享受到美的满足并进一步丰富人们精神世界的美好的价值追求之一。人体的每一部位都透露着性感美的气息：颈部、肩部、躯干、四肢，甚至手、足等，都包含着无穷性感美的信息，而女性的胸、腰、臀更是具有令人无法抗拒的性感美的吸引力。对服装而言，如果具有强调、彰显或暗示人体某一部分的作用，就会把人们的视线及注意力集中于人体的这一部分，服装因此也就具有了性感的特性。R. 伯顿在其所著的《忧郁的剖析》一书中就提出了"最大的性挑逗来自我们的服装"的观点，虽然已经过去了三个多世纪，但这一观点在今天依然具有很大的说服力。这一观点也表明性感美与服装是相互依存的关系。服装作为性感美的载体，同时也是表现性感美的媒介。人体可以通过服装的暴露、遮掩或暗示来展示性感美，而服装的款式、色彩、材料的美也需要通过人体自身来表达。服装对人体某个部位的显露或是遮掩可以增加该部位的神秘感，激发人们的想象力，从而聚焦人们的视线和注意力，使服装的性感美得以体现。

　　在现代人体审美中，性感是常用的评判标准之一。性感体现及对性感美的追求是人类的本能。审美意识是人类所特有的一种精神现象，它是社会意识的一种，也是社会存在的反映，并积极影响着人的精神世界，从而不断促使人类改造客观世界。人类社会对人体美的关注、欣赏和追求可以追溯到原始社会。人类从就地取材到发明布帛、制作服饰，在这一过程中，劳动带给人类无穷的愉悦感，人类的服饰品也被注入了意识和精神，人类最原始的审美意识也被激发，并发展成复杂而又深远的审美意识。而性审美意识则产生于人类最原始的生命活动中，又在潜意识中促进了人类对于性感美的追求。原始社会生产力低下，人们对性感美的追求也顺其自然转化成了对于裸态装身艺术的追求。这种对性感美的表现，是以人体与服饰为基础，但又随着人体审美的变化而不断发生变化的。有研究指出："性"是艺术创造的推动力，更是服装美学艺术的灵感源泉；服装艺术对性感美的追求是人体美学与装饰美学的有机结合，反映了现代人对原始自然本能的克服和消解；在性需求和性心理的共同驱动下，人们不断追求服装艺术中的性感美，服装设计的重点之一就是强调性征，服装设计师的创作过程就是一个围绕性感变奏的过程，服装更是性感变奏与性感美表现的最好载体。

尽管服装的流行是随着时代及时尚的流行变化而不断变化并推陈出新的，但人体美是永恒的。人体是自然界客观存在的审美对象，而其美则往往通过服装这一载体来实现。脱离了服装的人体会给人单调乏味之感，而离开了人体的服装则显得缺乏生机和活力，可以说人体美与服装美是不可分割的有机整体。在《人体包装艺术》中，鲁宾逊强调了衣着是身体的衣着，身体是衣着的身体。张贤根在其著作《遮蔽与显露的游戏：服饰艺术与身体美学》中表达了服饰与身体相互遮蔽的观点。他认为：一方面，服饰并非解放身体，反而是对身体造成了束缚；另一方面，作为一种肉身性基础，身体也会遮蔽服饰，正是服饰与身体的相互交融才生成了自然的美感。

不同时期流行不同的服装样式，该样式反映着这一时期的社会状态及人们对于性感美的了解和认知，也反映着穿着者的着装心理，这些都会严重影响人们对服装性感美的感知。因此，该时期服装的流行样式往往能迎合大众的审美心理，能吸引观者的目光，强调人体最美的部分，能突出个性，显示穿着者的风格、气质。通常，胸部、腰部、领口、腿部等部位都是女装设计中性感美的重点表达部位，服装或隐或现、半遮半掩的效果往往更能表达穿着者的性感魅力。曾经流行一时的超短裙，突出强调人体的腿部；露脐装强调人体的腰腹部位；吊带装则强调人体的肩、胸部位。服装对这些部位的强调和突出，使人体的性感美充分显露出来。而服装流行款式的变化与人们对服装所强调的人体某个部位的关注度有着紧密的关系，当人们对人体某一部位的关注度降低，产生了新的关注的性感部位时，人们往往会对之前的关注点产生厌倦心理，此时，新的服装流行款式便应运而生。

盛唐时期盛行袒胸低领的服装，女性着低领服饰，在袒露的胸部进行装饰和点缀，使其成为视觉的焦点，也成为服饰的中心。袒胸低领也成为唐代女性着装的一种时尚，与今天女性的吊带装、露肩装有着极其相似之处。今天的女性不仅已脱去了束胸衣的桎梏，更是通过具有塑形功能的女性内衣对胸部形态加以塑造，将胸部的性感魅力发挥到极致。这种表现，往往也通过袒胸低领及露背的晚礼服、吊带裙来表现，甚至可以通过外衣的半遮半掩而使得内衣若隐若现来表现。当女性胸部成为人们视觉关注的焦点时，服饰在胸部的设计也成为人体性感美表达的重要形式。对某一部位进行装饰处理，或通过遮掩其他部位以突出该部位，能有效增强服装的视觉冲击力，引导服装的流行，露胸、露腰、露肩、露背等的设计正是这种冲击效果的设计体现。

不过，性感往往也受到传统思想和伦理道德标准的影响，在这一影响下，性感往往被打上色情的标签。谈及色情，似乎总会让人嗤之以鼻，但在现代服装设计艺术中，色情并不完全带有贬义的色彩，在某一时期它可以快速引起人们对某一类服装的审美共鸣，也能快速引发人们的心理快感和精神愉悦。现代服装设计中的各种女性内衣带给人们无穷的欢乐和对性感美的追求，这也是服饰艺术设计语言所表达的性感美中所具有的色情情感的一面。当然，这种表达须把握一定的度，过度解读、表达甚至将其低俗化都会严重影响到社会审美的价值取向，因此，服装设计追求性感美的过程也要遵守社会伦理道德标准及社会的法律，要在表达美感的同时，向人类传递恰如其分的美学情感思想和社会道德价值观念。

近几年所流行的内衣外穿，即在服装外面再套上一件吊带式服装，这种流行源自法国设计师让·保罗·戈尔蒂埃 1983 年举办过的一场内衣发布会。该发布会上，模特将"导弹式胸罩"穿在男式条纹套装的外面，立时引起了时装界极大的轰动。戈尔蒂埃曾比喻"时装就像房子，需要翻新"，因此他通过不断创新，打破所有界限来发展他的服装，"导弹式胸罩"的外穿就是他不断创新的实践成果。"导弹式胸罩"产生于 20 世纪 40 年代第二次世界大战结束之时，此时使用大量钢丝制作的束腰彻底被摒弃，而用布料制成的胸罩大受欢迎。与此同时，克里斯汀·迪奥的"NEW LOOK"风尚呼唤华丽的内衣，甚至发出"没有内衣就没有时尚"的惊人之语。美国公司迅速研发了十字交叉、回旋织法来制造圆锥型罩杯，所制成的胸罩被称为"导弹式胸罩"。1990年，麦当娜在其世界巡回演唱会中外穿着戈尔蒂埃设计的金色"雪糕筒型"胸罩，这一形象立时令世界时尚界瞩目，同时也真正开始了对内衣外穿风尚的引领。这种胸罩又称"尖胸"装，而这个"尖胸"的设计已成为时代标记。

麦当娜的内衣外穿带给人们视觉冲击的同时，不仅满足了人们的视觉享受，还满足了女性对于性感美的想象和好奇，开启了一个时代的新时尚。文化的交流、媒体的传播，使中国女性也开始对内衣的穿着方式进行新的尝试。人们对内衣充满了审美期待，开始关注性感的身体和人体美，并用服饰极力打造身体的盛宴。因此，内衣的穿着观念也发生了颠覆性的变化，主要表现在通过内衣来体现女性的身体美。内衣原本只是贴身穿着的衣物，发展到今天却成了女性性感气质的载体。内衣穿着方式的变化极大地反映了人体审美观念的变化，也反映了人们对内衣的态度及心理需求的变化。

第三章　欲说还羞：人体美的困惑

一、露与透

所谓"露"与"透"，是指服装的某些特定部位通过显露或透视的形式对人体性感部位加以彰显。由于每个时期人们所关注的性感部位有所不同，服装透与露的形式也相应不同，这也是服装设计的规律。现代的审美观念及着装观念已发生了很大变化，人们一方面早已脱离了最原始的性感美的直接裸露的方式，另一方面也摆脱了愚昧狭隘的封建礼仪思想的束缚，不再将身体包裹得严严实实。人们更加大胆地追求个性及性感特征，追求积极健康的人体魅力及自然的性感美。可以说，不同时期的人体审美及性感美都具有不同的文化内涵，符合该时期的社会思潮及社会状态。

在现代社会，服饰的露与透无处不在。露脐装、露背装随处可见。短小的上装、腰线极低的下装，夸张地展现着女性平坦的腹部和"S"形的腰部曲线，而露背装、低领装将女性胸、背部的性感形态展露无遗。露与透，是女性借助服饰展示性感身材与美好肌肤的一种重要手段，也传达着女性着装的一种情结，这在今天也是一种典型的流行风潮。尽管这种风潮也受到了一些保守人士的指责，但也表明，一旦这种被压抑多年的展示人体美的美好愿望得以实现，这种风潮便会如决堤的洪水般汹涌澎湃，无可阻挡。自古以来，以男性为中心的社会文化使男性一直处于欣赏的主体地位，而女性则处于被欣赏的地位，这种矛盾而又统一的局面使女性对自己在他人心中的外在形象格外关注，也分外看重服饰对人体的表达。现代社会，女性审美的主体地位在逐步提高，以自我为中心的欣赏情结与日俱增，女性也因此更加看重服饰对人体的修饰作用，但"露"与"透"，只有表现得恰到好处才能体现丰富的女性韵味及良好的服饰情趣与修养，否则便适得其反，显得低级趣味和庸俗。当然这与穿着者所处的时代背景、审美文化、服饰文化、服饰流行风格等都有很大关系。

现代服装技术的发展带来了服装材料及制作方式的革命性的变化，为服饰"露"与"透"的设计提供了丰富的物质条件和高超的技艺。例如，使用镂空面料、编织成网孔形式的面料来设计服装，以增加服装的层次感，并体现人体的性感；使用薄如蝉翼的各类透明的材质设计成透视装，引领性感又浪漫、飘逸的服饰时尚；使用各类露脐、露腰、露肩等设计手法来展现女性的性感魅力；等等。女性借助服装设计中的"露"来展现健康自然的优美身材，又借助"透"来展现性感的人体曲线和女性韵味，有时又通过"露"与"透"的交相辉映来增加独特的美感。"露"与"透"所表现出来的性感是带有艺术审美的成分的，展现着一种中国女性美丽大方、优雅得体的风韵。与以往相比，现代女性更加渴望自然、魅力和无拘无束，对自然的人体美的追求比以往任何时候都要强烈，这充分显示了现代人的审美观念得到了健康向上的进步。

但中国女性的穿着并不是历来就敢"露"和敢"透"的。20世纪初的女装肥肥大大，足以装下几个身躯，哪怕是现在看来足够修身的旗袍，那时也多是宽大直筒的形态，不能显露腰身，更不能显露胸部、臀部的形态，否则便被视作放浪形骸、不正经。那时的女性在封建传统思想的制约下，无论穿着何种服装，首要的便是遮掩身体，那时是绝不允许以薄、透甚至裸露的形式来表现身体的，否则便是有伤风化。但进入20世纪30年代后，受西方着装风气的影响，以旗袍为首的服饰开始改良。这时期旗袍最重要的变化便是收紧腰身，体现女子的身材曲线，甚至胳膊和腿部都开始袒露。女性的性感美逐渐被人们认知和接受，并渐渐取代了传统的美。20世纪五六十年代，女性的着装意识普遍带有一种"左"的氛围，色彩统一以蓝、绿、灰为主，显得非常简单、朴素而又保守，但保守中又似乎透着一种反叛的意味，即人们在穿着中常常表现出"透"与"露"的特性，如挽胳膊、卷裤腿已是常见现象，外衣里面透出内衣也时有发生。可见该时期的人们一方面在抵制性感，另一方面却又在不知不觉中践行着性感。改革开放后人们的思想得到了极大解放，女装也得到了彻底改观，女性着装意识变得越来越开放。逐渐地，拖鞋、睡衣这类以往只能在室内穿着的衣物已不再是见不得人的服饰，薄、透、露也不再是人们遮遮掩掩的话题。在这方面表现最为明显的即为吊带服饰。吊带服饰以前只是作为内衣穿着的，现在已光明正大地成了一种表现女性性感的时尚外穿服饰。泳装、肚兜等也开始在服饰舞台上大行其道；露脐装、露背装、超短裙、迷你裙、长筒丝袜更成为女性展现性感身材的工具，甚至已经到了"衣不蔽体"的程度。曾经某些方式的着装被认为是"走光"，但现在对"走光"与"不走光"的界限变得越来越模糊。这也足以说明人们思想的开放及社会的包容，也体现了社会进步中人们对女性形象美的重新认识，体现了人们健康的审美情趣。

（一）内衣设计的遮蔽与显露

现代服装设计中对于性感美的追求，往往通过显露或遮蔽两种形式进行表达。内衣与外衣的不同之处在于，内衣一方面对人体的性特征进行遮掩和保护，另一方面却又以独特的方式对人体性感部位进行暗示和强调，使人展现出若即若离、含蓄而又神秘的性感美。内衣对人体的遮蔽与显露看似相互矛盾，实则带有相互促进的意味。应该说内衣是对人体的遮掩与美化，是人体性与美的统一。被遮蔽的性感美更具有夸张感和神秘感，它通过内衣对人体的包覆甚至重塑，对人体曲线进行调整来展现人体的曲线美，给人一种神秘的、含蓄的、朦朦胧胧的美感。而显露人体性感部位，对人体性感部位进行宣扬或是夸耀，则具有一种原始的野性之美。但不论以何种方式来传递和表达美感，都是以性为创造力和原动力的，这也是推动现代服装艺术时尚流行的动力。

当然，对性感部位的显露或是遮蔽并不是随心所欲的，应遵循不同时期社会的不同审美标准，符合人们对美的认知，否则会给人以低级趣味、庸俗、轻浮之感，反倒会失去性感本身的意义和魅力。对现代女性来说，应体现自然的、积极向上的、健康的性感美。在现代服装设计中，为了突出和强调性感美，设计师往往会运用多种服装装饰手法，如透视、镂空、色块比例变换、图形变换、面料再造、视觉错位、服装的松紧展示等，以抓住人们的眼球，将人们的视线聚焦到人体最美的性感部位，透过视觉感官刺激体现服装与人体的美。如低胸、露背、露肩的礼服，露腰、露腹的超短裙、露脐装，修身塑形的旗袍，包臀紧身的牛仔裤，等等，都展现着女性人体的性感之美。低胸、露背、露腰、露腹是通过显露来衬托出半遮半掩的胸部、肩部、腰部、腹部，使这些部位成为人们视觉的焦点，给人以直观的性感美的享受。一方面在强调某些部位，另一方面又让裸露的其他部位更加突出。而修身的紧身装则通过遮蔽来展示人体朦胧而又含蓄的性感美。紧身装看似对人体某些性感部位进行了遮掩，实则更突出地显示了该部位的曲线形态，突出了该部位的曲线美。

现代内衣的功能和用途已越来越细化，有塑形的，有装饰的，也有塑形与装饰功能并重的。塑形功能内衣用以塑造人体胸部、腰部、腹部、臀部的美好形态，如文胸可将下垂、外开的胸部提高、聚拢，同时通过对多余脂肪的移位使胸部形态饱满；束裤将腰腹部的赘肉收紧，将下垂的臀部提高并使之丰满等。塑形内衣塑造人体优美体形的目的即是为了将人体形态更好地展示出来，使穿着者感到心理上的愉悦，获得视觉上的美感，达到悦己悦人的目的。塑形内衣虽然用于内穿，却"以内显外"，也就是看似遮蔽，实则显露。但装饰内衣就不同了，装饰用内衣往往通过外衣对其加以显露来展现人体的性感美，如特意在穿着时露出内衣的蕾丝花边、透明肩带等，这种形式在一定程度上也带有内衣外穿的性质。其实与内衣外穿有着异曲同工之妙的还有一种服装穿着形式，即透视装。透视装面料通常轻薄、透明，制成的服装能塑造出一种若隐若现的着装效果，穿着时将内衣的外形、轮廓、人体形态、人体与服装的性感美表现得淋漓尽致，因此穿在透视装里面的内衣也往往有很强的装饰效果或带有张扬的个性。

（二）内敛——曾经的美

在中国传统的封建观念中，内衣主要是用来遮挡身体甚至是压制人体曲线的，内衣更不能让人看到，否则便有"轻浮""淫荡"之嫌。中国的女性一方面在这种观念的引导下力图通过服饰来掩饰自己的身体曲线，另一方面对身体之美的追求又一直在心中蠢蠢欲动，她们希望通过服饰来显示身体之美。"露"似乎成了她们挥之不去的既爱又恨的魔咒。从内衣的发展中可以看到，"露"体现在内衣上，应包含两个方面的意义：一是穿着内衣后袒露身体的部分肌肤，当然，内衣穿着的贴身性及其穿着部位的特殊性本身就体现了其与"露"密不可分的关系；二是通过外衣将内衣暴露在外甚至直接内衣外穿，但这似乎又与内衣之"内"的特性相矛盾。所谓内衣，就是只穿在外衣内面的服装，否则就不叫内衣了。这是中国古代内衣的重要特点，即内衣不能暴露，如果要暴露的话也只能暴露给"屋里头"的人看，内衣只起"衬"和"遮"的作用，不起"美体"和"修体"的作用。这也符合儒家的封建礼教思想，但内衣的暴露与现代内衣的穿着和审美特征并不矛盾。

事实上中国古代内衣的发展、演变及其审美特性确实深受儒家思想的影响。儒家强调社会的礼仪化和等级化，推行"三纲五常"等为人处事的道德准则，这些标准造就了中国女性的恬静、典雅、含蓄之美。因此人们对内衣的要求也渗透着强烈的伦理道德精神。《女论语》中对女性更有着有过之而无不及的规定，劝诫女人"出必掩面，窥必藏形"，即女性不得任意展露自己的身体。中国历代对女性的欣赏一直以不显露形体为主，对服饰的欣赏反对个性突出，不强调性感。内衣在森严的服饰文化的重重包围下，更多注重的是含蓄美。"笑不露齿""衣不露肤"，典型地反映了当时中国人的审美倾向，也反映了中国人对服装与身体相互关系所持有的态度。这一审美倾向及态度对现代人的审美观也产生了深远的影响。有学者认为，中国的艺术没有直接表现身体的，因此没有裸露艺术。对于古时候的中国来说，身体只能遮蔽，不能显现。因此，中国古时候的服装很少会凸显身体本身的性感美，更多的是追求含蓄的风韵及着装之后的姿态美。

宋代程朱理学提出的"存天理，灭人欲""饿死事小，失节事大"等观点，以及可与西方紧身胸衣相提并论的女子裹足，把对女性的束缚与压抑发展到了极致，这也不可避免地波及内衣的发展。在宋明理学昌盛的时代，女子须用布带束胸，以消除胸部曲线，抹杀女性之美。由于受到封建礼教思想的束缚，古代女性对于身体的想象、情感的寄托及对美好生活的憧憬往往只是表达在最贴身的内衣上。中国古代女性一直以来擅长女红，这是评价女性是否心灵手巧的标准。因此在古代，女子通常在内衣上通过刺绣等女红手法来表达自己的情感。在清代最常见的贴身内衣——肚兜及某些遗存下来的衣物中，就经常可见到用鸟兽、花卉、人物故事等作为刺绣纹样题材来表达对爱情甜蜜、婚姻幸福美满的祝愿，用喜鹊和梅花等刺绣纹样来表达喜上眉梢、喜事降临等，这些都是女性表达对美好生活的憧憬和向往的内在情感的一种婉约方式。中国的女性一方面严谨遵守着苛刻的封建礼教，另一方面又含蓄表达着对美的渴望，而美是人类永恒的追求，一旦封建礼教这一枷锁得以解开，人们对美的追求便愈加不可阻挡，这也是人类文明进步的象征。

（三）袒胸露体成时尚——再说唐代

尽管中国古代的内衣一直都是秘不见人的，露和透是违背封建礼教思想并要遭到人们唾弃的，但这一点在繁荣、开放的隋唐时代受到了强烈的冲击。唐代的女性地位较高，所受封建礼教的束缚相对较弱，时代对于女性服饰的常规性约束也在这一时期被彻底打破。隋唐时期是我国封建社会发展的高峰期，凭借其强盛的国力，唐代文化显示出明朗、高亢、奔放、热烈和包容的时代气息。同时隋唐时期社会安定、经济发达，纺织业也达到了鼎盛发展的时期，出现了很多纺织新品种，纱、罗更加轻薄和精美，并被大量用于服饰的制作。这一时期的妇女摆脱了封建礼教的束缚，生活环境较为宽松，思想言行也较为自由，她们生活安逸，身心得以健康发展。同时，我国文化与外族文化的相互交流与融合，极大地推动了服饰的发展，使唐朝的服饰充满朝气，并具有开放、热情奔放的特征。袒露、健硕、丰腴成为这一时期着装的典型的外在形象特征，这种着装风格在封建社会中是惊世骇俗的，也是非常难得的。宽衣、阔眉、以胖为美的审美趣味在盛唐时期正式形成。正因为如此，在内衣乃至整个服装的发展过程中，裸露风在唐代大行其道。

国力的强盛，服饰形制的开放和改变，使人们有了更多的精力去追求服饰形式上的美感，对服饰无所顾忌地加以改革和创新，因此唐代女装中出现了许多大胆、透明的"大袖纱衣"及"半露胸式裙装"。女子将裙子高高束在腰际，然后在胸下部系一阔带，两肩、颈、上胸及后背袒露无遗，甚至有在裙腰上部露胸再外披透明"大袖纱衣"的，袒露的肩颈部位隐约可见。唐代的女性喜欢以这种袒露的薄纱来表现自身丰腴的身体美及婀娜的体态美，穿着时肌肤在透明的薄纱下影影绰绰，似有似无，正所谓"绮罗纤缕见肌肤"，更加衬托出女子身体线条的优雅、体态的轻盈。于是这一时期产生了一种无带内衣，即"诃子"。诃子是古代女性内衣发展过程中的一大特色，穿着时在胸下扎束两根带子即可，与现今的无肩带胸罩及美体内衣极为相似。诃子形态和结构的发展也有一个过程，之前露胸较多，后来慢慢有所收敛。唐代内衣的直露不仅表现在宫廷中，也表现在普通女性的社会生活中，开放的女性也会借助内衣来展示曲线的优美和性感。唐代的内衣被人们当作盛装甚至外衣进行穿着，这种薄、透、露而不裸的服装就算在今天也能给人以强大的视觉冲击力。

唐代的女性以肥为美，她们追求丰腴的体态及丰盈的体格，并推崇个性的张扬，用穿着暴露的服装来向世人展示自己优美的身姿、婀娜的体态及光洁的肌肤，不以为耻，反以为荣，因此该时期的人体美备受推崇。这在中国几千年的封建社会中是独一无二的，也是影响至今的，也因此留下了很多宝贵的资料，还有许多传世的故事也一直为人们所津津乐道。在现代遗留下来的大量唐代的造型艺术中，有传世的绘画艺术，也有墓室和石窟的雕刻与壁画艺术，这些造型艺术中出现了很多着袒胸装的女性形象。比较典型的有盛唐画家周昉的《簪花仕女图》，图中不论嫔妃还是宫女，上身均不着内衣，一律都穿着及胸的锦花长裙，外披一件透明的大袖纱罗衫，衫内肌肤隐约可见，且两臂显露却坦率自然，落落大方，全无搔首弄姿之态，表现出盛唐女子独有的雅致风韵。永泰公主墓、懿德太子墓墓室墙壁上所绘的女子形象，也多身着袒领装，双乳微露。敦煌文化也反映着唐代的内衣文化及人体文化，如西域唐人盛行的裸体舞，有半裸的情景，即露乳、露脐，下部着珍珠裙（图 3-1），也有全裸的情景。半裸和全裸的风俗在整个西域，包括敦煌和吐鲁番地区都有所发展。敦煌壁画中可见女子的暴露装束。女子往往上部裸露乳房，下身穿珍珠裙、纱罗裙等，甚至连女性佛像也存在裸露的现象。这些传世作品所描绘的着装现象，反映出在当时的社会中裸露是一种社会风气，人们并不回避裸露，也不回避性感，这对唐代内衣文化的发展也是有很大促进作用的。

图 3-1　敦煌壁画唐人穿珍珠裙半裸舞形象临摹

在唐代的一些文艺作品中，也有许多关于女子衣着形象的描写："差重锦之华衣，俟终歌而薄袒"（沈亚之）；"胸前瑞雪灯斜照，眼底桃花酒半醺"（李群玉）；"急破催摇曳，罗衫半脱肩"（薛能）；"二八花钿，胸前如雪脸如莲"（欧阳炯）；等等。这些对女子袒胸装的描写也颇为大胆、前卫。不只是袒胸装，连发式、面妆也千变万化，形成了一个个鲜明、绮丽又充满生机的整体着装形象。武则天称帝，女性桎梏大为解脱，女子"露髻驰骋""着丈夫靴衫鞭帽"已不为怪，这些都是袒胸装风靡一时的缘由。到宋代，"存天理，灭人欲"成为统治思想，袒胸装便被巨大帷幕遮掩起来。这颗中国服饰文化的璀璨明星，在历史长河中划过一道闪光后，留给了后人无尽的猜测和想象。随着唐代的灭亡，一个热情、奔放、袒胸露臂的着装时代也随之结束了，女子脱俗的新奇装束也渐渐失去了它原本的地位和存在的环境，女性服饰又变得质朴和保守。

（四）关于天乳运动

天乳运动与 20 世纪的内衣是紧密相关的。说起 20 世纪的内衣，不得不提到旗袍。旗袍是中国服饰发展史上一朵绚丽的奇葩。旗袍原本是明清时期的产物，那时称为旗服，经过长期的发展和演变成为今天的旗袍，因此可以说旗服是今天旗袍的前身。20 世纪初的旗袍与今天的旗袍在结构及造型上尽管还存在较大差异，但它已在清代旗袍的基础上做了一些改变，主要表现在对腰、臀部进行适当收小，使袍身变得稍微合体。在当时，这种小小的改变已能体现一定的人体曲线，营造身体的美感，这是其他服装所不具备的。随着中西方文化的交流，中国女性受到西方生活方式的影响，打破了长期以来在服装穿着上避免显露胸、腰、臀等部位曲线的穿着方式，她们开始追求合体美观的服装。服装的制作也开始引入西式裁剪方法，即主要增加对胸、腰、臀等部位浮余量的处理。经过收省处理后的服装变得更为合体，能有效体现女性美丽的身体曲线，这一点在旗袍上得到了淋漓尽致的体现。尽管那时候中国女性还没有穿上能让身体曲线得以体现的塑型内衣，但旗袍已将中国女性的身材塑造得凹凸有致，女性的形体美也通过旗袍得到了有力的展示。此时的旗袍在长度上也有了一些新的变化，如衣身变短，露出脚踝甚至小腿部位；袖子变短，露出手臂。这些变化对于追求人体美的时尚女性来说，有着无穷的诱惑。一时间旗袍成为中国女性尤其是上海时髦女性的最爱，这一点可以从民国时期的上海老照片中得到有力的印证。那时的时尚女子，一律盘发或烫着波浪卷的短发，身着无袖旗袍，神采奕奕，这一形象永远被定格在了民国时期。女性的旗袍形象也成了民国时期的时代特征，对今天女子旗袍的穿着也产生了重要的影响。今天，在大街上仍不时能看到身着旗袍的现代女性，她们对旗袍的热爱，不仅源自自信地追求人体美，也源自内心复古、怀旧的情感。

20 世纪初期，尽管旗袍在体现女性身体曲线美方面起到了很大的作用，但那时候大部分女性在着装上仍是较为保守和谨慎的。一种以平胸为荣的着装风气在社会上广为流行，使女性在穿着服装时，仍然要在里面贴身穿一种束胸布。这种束胸布形状像个桶，用厚厚的几层布，里三层外三层地将胸部紧紧捆住，目的是为了掩饰女性胸部的突起形态。但与此同时，一些追求个性、追求身体解放的女性则开始尝试穿着一种名叫"小马甲"的紧身背心式内衣，用以代替捆胸的布条。这种背心式内衣前片短小，胸前缀有一排密纽，穿着时将胸乳紧紧扣住，但与束胸布有着明显的不同，它能将女性胸部立体形态稍加表现，穿在旗袍里面，能在一定程度上演绎出女性的性感风情。当时还有人采用薄纱或网纱制成服装，穿着时肌肤裸露，小马甲也隐约可见，显得非常暴露。令人意想不到的是，这种暴露的服装最后却在普通妇女中流行开来，并逐渐成为一种时尚。这不能不说是对世俗的挑战。随着紧身背心的出现，丝袜也出现在人们的生活中，带给女性无穷的惊喜。透明的尼龙丝袜使女性更自然地将漂亮的腿部曲线展现出来，一时成为摩登女性宠爱的对象。

值得一提的是，刚刚摆脱封建束缚的女性要想追求开放的美是要付出代价的。由于封建思想在有些人脑海里根深蒂固，因此当这种裸露的时尚服饰在女性中开始蔓延时，便受到了保守人士的攻击。1918年夏天，上海议员江确生致函江苏省公署："妇女现流行一种淫妖之衣服，实为不成体统，不堪寓目者。女衫手臂则露出一尺左右，女裤则吊高至一尺有余，及至暑天，内则穿红洋纱背心，而外罩以有眼纱之纱衫，几至肌肉尽露。"他认为这是一种淫服，有"冶容诲淫"的害处，会致使道德沦丧，世风日下，因此要求江苏省、上海县及租界当局出面禁止，"以端风化"。1920年，上海政府发布布告，禁止"一切所穿衣服或故为短小袒臂露胫或模仿异式不伦不类"，并称其"招摇过市恬不为怪，时髦争夸，成何体统"，通告"故意奇装异服以致袒臂、露胫者，准其立即逮案，照章惩办"。女子只要穿着低胸、裸露胳膊或小腿的服装，就会被视为穿"奇装异服"甚至"淫服"，面临牢狱之灾。这是根深蒂固的封建观念在作祟，是一种明显的中西着装观念的冲突，因此这种压制遭到了一部分已接受过西方服饰文明教育的女性的强烈抵触。

经历了束胸布的长期束缚，1927年，对胸部的束缚终于迎来了转机。这一年政府倡导"天乳"，反对束胸，即放开束缚胸部的白布条，让女子乳房自由生长。经历了多年白布条捆束的女性胸部得到了彻底的放松，这就是当时轰轰烈烈的"天乳运动"，实质上就是解放乳房的运动。在乳房解放过程中，有一个不得不提的人物——张竞生。1924年，张竞生的《美的人生观》讲义在北大印刷。在该书"美的性育"一节中，他倡导裸体行走、裸体游泳、裸体睡觉等。张竞生成了乳房解放的舆论引导者，也得到了许多有影响力的社会人士的支持。一时间，大家闺秀开始悄悄放胸，让乳房健康、自由地生长慢慢成为一种热潮，随后，乳房解放运动蔓延全国。至此，中国传统的束胸陋习，在激进的文化健将的抨击下，在西方风气的影响下，在风起云涌的革命浪潮带动下，渐渐被彻底颠覆，"天乳运动"成为禁止缠足后妇女解放的最大一次革命。这种不穿内衣的做法，甚至对西方女性的内衣穿着观念也产生了深远的影响，在今天的模特表演中还经常能看到不穿内衣的模特。

（五）秀的就是身材

随着中西方服饰文化交流的进一步深入，越来越多的人开始学习西式服装裁剪，人们对于显露身材、表现人体美的服装更加热爱，就连保守派人士的攻击也抵挡不了女性对于束腰突胸提臀式的西洋服装的追捧。一些思想开明的女子开始琢磨如何通过衣着提升女性形象。一些女装也开始追求性感表现，热衷表现身体立体感的设计形式和风格。因此，"天乳运动"结束之后，袒胸露臂、追求性感再次成为女性服饰的时尚潮流。

从后世对人体文化的研究来看，人体一直是被人类作为美的对象来研究、认识和表现的。德国诗人歌德说过："谁看着人体美，任何不幸都不能触及他。"罗丹也说："在任何民族中，没有比人体的美更能激起富有感官的柔情了。"人体美既包含着自然的美，又体现着不同时期深刻的文化意义。在人类追求人体美的过程中，女性内衣对表现人体美起到了至关重要的作用。1914年，美国女子克劳斯贝（Caresee Crosby）用两块手绢和一条窄缎带制作了第一副胸罩，虽然束缚住了双乳但并不对其造成压迫，相反还能突出胸部丰满的形态，无形中对乳房起到了支撑作用。20世纪20年代末期，在经历一番周折之后，胸罩（当时被称为"义乳"）进入了中国，但胸罩并不是一进入中国就被大众所接受的，这种新潮而又刺激眼球的新生事物只是率先成了新潮人物的时尚宠儿。据说民国大腕影星阮玲玉就是最早戴"义乳"的中国妇女之一。阮玲玉内穿胸罩，外穿修身旗袍，显得胸乳部位圆润饱满，与旗袍的曲线相得益彰，结合得近乎完美，给后人留下了惊艳的一瞬，成为一种标志性的形象，并永远被定格在影视作品和民国时期女性历史画中。这种身材曲线凹凸有致的风韵之美，受到了追求时尚形象的新潮人物的极力追捧。因此，上海的新女性及太太、小姐们争相抢购。一时间，在开放的上海滩，追求性感魅力、热衷表现人体曲线形态的服饰造型很快成为一种风潮，袒胸露臂也成为女性服饰的时尚特征。为适应这一服饰潮流的需求，这一时期在上海滩出现了许多西式裁剪的裁缝店。

正如前面所提及的，西式胸罩的引入并没有在中国很快引起普及，只有女明星及时尚女性们作为先行者在身体力行，并在努力推动它的消费，而普通女性仍然使用的是肚兜、抹胸、束胸布等中国式的传统内衣。这种现象一直延续到20世纪70年代，中国政治、经济、文化虽然在不断往前发展，但普通女性的内衣变化仍不明显，大多仍然为小背心和小短裤，只是在背心和三角裤的长短、松紧上稍有变化。尤其在经历"文化大革命"的洗礼之后，女性再次受到禁欲主义思潮的影响，加上对男女平等思想理解的偏差，女性对人体曲线美的追求和推崇又遭到了压制。女性身体不得不再次被隐藏在宽大的服装里面，这便是当时流行一时、无性别差异的军便装着装风貌。此种装扮几乎使女性从外观上失去了女性原本应有的曲线特征，甚至在这种军便装的笼罩下，女性也失去了原有的温柔、妩媚的气韵。好在无论人类对美的追求历经多少波折，人类对人体美的认识和理解终归还是随着社会历史的进程而不可阻挡地发生着变化，人类对人体美的追求也是不断进步的。特别是特定历史阶段中产生的时代精神和社会风气，会带来服装的革命性变化。20世纪80年代以后，随着改革开放带来的经济快速发展，人们的思想也随之发生了巨大变化。人们变得更加开放、包容，开始关注自我健康，重视形体之美，对服饰的认识和要求也在逐渐提高。在这样的思潮和环境下，女性内衣终于引起了人们的广泛关注，此次的关注跨上了一个新的台阶，即既注重内衣对身体的美化作用，又注重身体自身的健康发展。与此相适应，满足女性多方面需求的文胸终于在女性中普及开来，成为中国女性用来保护身体、调整体形、展现女性性感和优美曲线的重要服饰。此时的内衣厂商们除了注重内衣的塑形功能外，更关注内衣外观的魅力，即除了在造型上力图塑造女性的柔美线条之外，还开始使用一些华丽的装饰如饰带、网眼花边、蕾丝等来表现女性的性感魅力，吸引女性的注意力。

随着社会风气的开放及生活水平的提高，今天的女性已把自身的形体美摆在了很重要的位置，穿衣行为也日趋大胆，在内衣的穿着上也表现出不同于以往的势态。在女性的日常着装中，内衣外穿早已不是什么新鲜事，甚至有些服装的内、外穿界限已不那么明确，可内穿，也可外穿。薄、露、透的服饰也已经不是什么新鲜事物了。女性在着装时有时甚至特意露出文胸的肩带、花边等，以此作为一种个性或是着装的时尚加以展示，袒胸露臂也成了一种自然的穿着习惯。这些着装方式在改革开放的环境中已逐渐为大众所接受，若再有某些社会人士对女性着装进行抨击或指指点点，就会被人称作"老古董"或"老封建"。如今的女性社会地位已大大提高，解除了封建礼教束缚的她们已彻底解放了自己的身体和思想，除了那些所谓的"反潮流"者之外，无论是外衣还是内衣，她们都会尽力选择适合自己身材的服装来表现自身的美，而不会去刻意掩盖曲线之美。时尚女性们已经把自己的身体当作思想及精神的载体，去肆意地修饰和美化。尤其是今天的模特，穿上性感的内衣，大大方方地走上服饰展演的舞台，散发着自信和活力，将现代女性的健美及内衣的性感风情自然展现在大众面前。中国的女性内衣也在人们衣着观念和审美观念的变化中快速发展。今天的女性内衣强调的是对理想身体曲线的完美的表达，它虽然包覆着身体，但似乎又在强调着裸体，它也早已跨越了古代中国内衣用于遮身蔽体的历史过程。这是时代的进步，也是服饰文明的进步。

（六）露与透的终结——话说比基尼

服装从其产生之日起就具备了最原始的防寒保暖、隔热避暑、遮羞护体的基本功能。随着人类文明的发展及服饰文化的逐渐形成，服装除了承载着这些基本的功能外，还成为一种文化信息的传递工具及时尚文化的载体。不同国家、不同地域、不同的气候环境会产生相应的服饰文化。西方服饰的裸露，中国服饰的遮蔽，二者在体现人体的性感美和含蓄美中交相辉映、相互影响，进一步促进了中国服饰文化的发展。一向被视为不堪入目、低级趣味、庸俗甚至淫荡的裸露艺术也逐渐被中国人所接受。服装设计师通过对遮蔽与显露的适当把握，使服饰露得豪放、遮得矜持。正是通过这些适度的遮与露，才将人体与服装的性感魅力恰到好处地显露出来，也为服装设计带来了不同的风格和艺术品位。中国内衣正是在这种遮与露、掩与透的博弈中不断发展出了今天多种多样的风格、款式与功能。

纵观古今中国内衣的发展，从殷周时期的袴，到秦汉时期的汗衣，再到唐代的抹胸，及至清代和民国时期的肚兜，最终到现代上下分离的文胸和内裤，单从形制上看，是从平面到立体、从宽松到紧身的发展过程，也是从覆盖人体到裸露人体的发展过程。但中国古代的内衣一向是属于私密的服饰，也是被寓意化了的服饰，它是不会轻易示于外人的，其穿着也受到民风民俗的影响。这种服饰对人体的包覆面积从大到小、从遮到露的变化过程会随着人们思想观念的解放和服饰文明的发展而进一步发展到包覆面积更小、裸露程度更大的程度吗？裸露到怎样的程度会是一个极限呢？这是值得人们深思的问题。

以现在的着装方式来看，服饰的"露"与"透"并没有一个特定的标准。怎样才是"露"，"露"到何种程度可称作"露"？怎样又是"透"，"透"到何种境界被看作"透"呢？这一审视标准因人而异、因地而异、因时而异，这也给服饰"露"与"透"的设计留下了巨大的空间。远古之人裸身只要在腰间系上一根枝叶便可心安理得，旁人更不会指手画脚和谓之不雅，这是人类之初的原始而又自然的着装意识。即使是现代，某些土著民族依然只在腰间围上一条草裙，也并不会引起旁人的窃窃私语和指指点点，这里体现的是一种强调自然主义美学的人文情怀。但今天的普通大众，如果只在腰间系一条饰带或其他装饰物招摇过市，想必就会被认为不雅或不合时宜了。

　　要论服饰的裸露，不得不提到比基尼，其覆盖面积的大小应该是迄今为止最夸张的了。其实比基尼已不能算作内衣，它是随着19世纪末期游泳作为一个运动项目的兴起而逐渐产生的一种游泳衣，但它又切切实实是从内衣发展而来的。早期的游泳衣包覆面积较大，除了四肢，几乎包覆了人体膝盖以上的所有躯干部位。20世纪初诞生了第一件乳罩，随后泳装向乳罩看齐，对身体的包覆面积也越来越小。直至20世纪30年代，开始出现由乳罩和短裤配成的游泳衣。20世纪40年代，三点式的比基尼泳装出现并开始流行。比基尼最初由乳罩和三角裤组合而成，具体来说是在1946年，法国人路易斯·利尔德（Louis Reard）推出了乳罩和三角裤组合的泳装，由模特在公共泳池加以展示。仅短短的一周后，这种组合的泳装就开始风靡欧洲，这就是比基尼的前身。但由于其款式过于暴露，对身体的包覆面积甚至比今天的文胸还要小，这对当时穿着传统紧身胸衣的女性来说，显得过于奔放，甚至惊世骇俗，已突破了她们穿着内衣的底线，因此也引起了巨大的争议。

　　比基尼的前身是组合式泳装，尽管其作为泳装在世界上开始流行是在20世纪初，但从一些文化遗迹中可以发现，类似比基尼的服饰其实很早就有了。古希腊瓶上就有类似于比基尼的描绘。古罗马时期的镶嵌壁画里也有描绘女子们穿着类似比基尼的服饰做运动的画面。由此可见，比基尼作为早期泳装的翻版并不是什么新鲜事物，只是相隔时间太过久远，后来再经问世便震惊了世人。地中海沿岸国家曾视比基尼为瘟疫，意大利也明令禁止穿着该类服装，西班牙海岸警卫队也曾驱逐过穿着比基尼的泳装者，甚至一度被中国人认为开放的美国也曾因比基尼逮捕过人。这不禁让人想起民国时期中国政府对露胳膊露腿服饰的禁止，可见比基尼裸露人体的程度之大,哪怕是开放的西方国家也曾将其禁止,难怪有人称之为"自原子弹以来最伟大的发明"。但对比基尼的阻止并没有阻挡住时尚发展的脚步,在影视歌星的推波助澜下,比基尼也逐渐走向流行并开始引领时尚潮流。

比基尼在中国的流行也始于明星的宣传,应该说中国人对比基尼的接受更加不易。1973年我国香港电视广播有限公司(简称"TVB")举行的首届"香港小姐"选举中,穿着泳装亮相环节引发了极大的争议。参选者均穿着上下连身的泳装。当时著名影星赵雅芝也身着泳装在"香港小姐"选举之列。这种着装方式在此后的十年依然颇受争议。1987年,邱淑贞在"香港小姐"选举中,首次身着绿色三点式比基尼亮相,裸露的着装将"香港小姐"修长的身材展现得淋漓尽致,因此引起了不小的轰动,同时也获得了时尚人士的热捧。此后的1989年,"香港小姐"的选举中还设立了"最佳泳衣演绎奖",后来又陆续评出了"美腿小姐""最纤长美腿佳丽""魅力美腿大奖"等跟人体形态有关的奖项,比基尼也逐渐为人们所接受。经过了"香港小姐"的选举及时尚人士的热捧,比基尼真正开始进入中国人的视野并开始引领时尚。在今天的游泳场所或海滨、沙滩等浴场,大家对身着比基尼玩水、游泳或进行日光浴的女性已司空见惯。再回过头来看看影星徐若瑄早期的比基尼写真,身着墨绿色的三点式比基尼,不仅无不雅之感,反倒充满了纯真的、健康自然的性感美。这种转变让人对中国人着装观念的改变产生了无限的感慨。

从20世纪初的文胸、泳装,到后来的比基尼,每一次新事物的出现都冲击着人们的视觉神经,也挑战着人们的着装底线。但经过几十年的发展,从禁止穿着比基尼到大大方方地接受它,社会文明有了巨大的进步,社会变得更加开明,女性也逐渐有了对自己身体的控制权和话语权,这也归功于现代人对体育运动、健美时尚、解放身体、自由舒适理念的推崇。

比基尼的流行是一次内衣史上的华丽转身,这类服装强调女性身体自由的流露,放松对身体"性"的刻意造作。比基尼仅以三点式的方式对人体进行遮覆,是否就是服饰透与露的终结呢?现代社会出现的裸泳现象又该如何看待呢?这需要人们以文化的、文明的和社会发展的眼光去审视。

二、含蓄与浪漫

(一)挡不住的风情——肚兜

从中国女性内衣的发展史中可以看到,肚兜是明清时期的主要内衣,有着明显的时代特征和印痕。它是从汉朝的"抱腹""心衣"、魏晋时的

"裲裆"、唐代繁荣时期的"诃子"、宋代的"抹胸"、元代的"合欢襟"及明代的"主腰"演变而来的，因此肚兜从结构到功能都有着浓厚的传统韵味。其实肚兜在宋朝时就已经开始流行，只是在清代发展得最兴旺。由于肚兜有遮挡和保护胸、腹的功能，因此，在清代不论男女，不论大人、小孩穿着都很普遍。肚兜在发展过程中称谓不断发生变化，这也体现了古代女性审美趣味的不断改变。

古人对内衣是比较避讳的，不能明目张胆地提及，更不能将内衣显露在外，否则便有"轻薄""不庄重"之嫌。因此，尽管肚兜刺绣精美、色彩丰富、形态各异、极为美观，但仍然只能贴身穿在外衣里面，不能为外人所见。《红楼梦》第65回写尤三姐在与贾珍、贾琏饮酒时有这样的描述："这三姐索性卸了妆饰，脱了大衣服，松松地挽个髻儿，身上穿着大红小袄，半掩半开，故意露出葱绿抹胸，一痕雪脯，底下绿裤红鞋，一对金莲或翘或并，没半刻斯文，两个坠子却似打秋千一般。"这段描写中提到尤三姐露出了抹胸，将尤三姐描写得非常性感，也非常放浪，将一个中国古人眼中的"坏女人"形象表现得淋漓尽致。可见古时肚兜对女性性感的展露并不是毫无顾忌、不分场合的，只要露出肚兜就是不雅的，甚至是淫荡的。哪怕在今天这样开放的时代，若不分时间、不分场合展露贴身穿着的内衣也是不雅的行为。但无论怎样隐藏，肚兜对女性风情的展露是藏不住的，它遮住的是女性最性感的部位，也因此容易引起人们的联想。

肚兜穿着时前面护着胸和肚子，后面露着背和腰，很像现代时髦女性夏天穿着的露背装。尽管肚兜造型很丰富，但它的设计很简单。最常见的肚兜只需用一块完整的棉布或丝绸即可做成：将布料剪成菱形，再剪去菱形布料上面的一个角，使其呈现凹状的浅半圆形，俗称为"兜子儿"，再在半圆形的两个边角处钉上带子，系挂在脖子上，肚兜的下角或尖或圆，横侧两角各用一条本布制成的带子扎于腰间。细细的带子套在女性的脖颈上，捆在杨柳细腰上，再配上各种具有象征意义的刺绣图案，将女性的婀娜多姿、万般风情及那种露而不透的性感都表现了出来。

肚兜对女性风情的表露不仅仅表现在胸、腰上，也表现在看似不起眼的肩、背上。这些部位含蓄、沉静却不乏性感，在穿着袒背露腰的肚兜之后，肩背部位的风情便自然流露了出来，这也是现代时尚女性仍然热衷于穿着肚兜式服装的主要原因。今天的肚兜为了适应社会环境的变化已做了适当改良，保守一些的女子将肚兜穿在某些服装里面，显得含蓄又不失活泼；开放一些的女子则将其直接作为外衣穿在身上，显得性感而又浪漫。

（二）欲盖弥彰——肚兜外穿

肚兜是最具中国风情的民间传统内衣，它是中国传统服饰文化不断发展而形成的具有鲜明时代特色的服饰，也是中国古代女性内衣流传下来的典型代表。早期的肚兜儿童和男子都可以穿着，儿童穿着主要是为了防止肚子着凉。民间有种说法，即中国人比较讲究元气，认为肚脐是元气容易泄露的地方，肚兜遮住了肚脐，也就阻挡了元气的外泄，这样小孩就不容易生病。因此肚兜通常是小孩最简单却最实用的一种贴身穿着的衣物。成年之前不论男女，出于身体健康的考虑，都会贴身穿着肚兜，但通常男子成年后就不再穿着肚兜了，而女子则继续穿着，主要是为了遮掩胸部乳房的发育，肚兜也就逐渐演变成了女子的专有内衣。肚兜的造型由最初的菱形逐渐演变成各种圆形或梯形的形态，穿着时用布条吊在颈上，系在腰上，简单至极，也巧妙至极，于方寸之地尽显中国服饰文化的精髓。

肚兜的造型本身是平面状的，加上中国女性胸部较为平坦，贴身穿着并不能显示女性胸部的曲线形态。反倒是肚兜丰富的造型、艳丽的色彩、精美的刺绣图案所营造出的浪漫意境更能抓住人们的视线，带给人无穷的联想和诗意。因此肚兜一直被视作中国传统服饰文化的重要组成部分，它作为贴身内衣穿着更多体现的是它所蕴含的文化内涵及意蕴。

随着社会文明的进步及人体审美的发展变化，在极力推崇人体健美的今天，肚兜已被赋予了新的涵义，古老的肚兜一改往日神秘的风貌，变成了一种新潮前卫的时尚服饰，并成为当今时尚女性展现美好身材的有力武器。时尚圈中许多敢于尝试、大胆创新的女性，把本该属于内穿的肚兜稍作改良，当作一种时尚的服饰外穿，露与藏相得益彰，将东方女性的典雅、神秘及性感淋漓尽致地表现了出来。肚兜穿着时使人体背部大面积裸露，只用几根绳带任意绑缠，不仅让女性的身材若隐若现，还凸显了女性的独立自我。肚兜的魅力不在于暴露了多少身体部位，而在于欲盖弥彰地遮掩了多少身体部位，它将人体性感的胸部藏于布帛之内，却又将看似不起眼的肩、背部位显露了出来，体现了一种含蓄、浪漫而又欲擒故纵的风情。保守的前胸和裸露的玉背构成的视觉张力，使女性在含蓄与朦胧中显得性感又不失优雅。

三、亦情亦色

（一）内衣遮掩的情与色

在中国传统思想中，对女性的身体是羞于提及甚至是回避的。因此，古代有关女性的文字中，极少有对女性身体敏感部位的描述，即使描写，也用语极为含蓄。与此相似，有关中国古代女性内衣的文字记载也并不多见，而在少有的文字描述中，用语也比较隐晦，这也是今天我们在古籍中很少看到有关内衣的文字记载的原因。古人将内衣称为"亵衣"，"亵"有轻薄、不庄重之意，足见古人对内衣的忌讳。中国古代女性足不出户，锁于深闺，只有通过贴身穿着的内衣来抒发她们对美好生活的憧憬及对美好爱情的向往，因此在流传下来的民间女性内衣中，经常能看到制作精美的肚兜。这些肚兜大多充满丰富的创造力和想象力，充满智慧，也充满优雅和浪漫，对女性人体有着欲说还羞的表现力。

由于受到某些文学作品及媒介的影响，在人们惯常的思维中，谈及情与色，很容易将其与内衣联系起来，也很容易将其与人体及性感联系在一起，或是与浪漫的情调和感觉联系起来。但从某种意义上来讲，内衣是女人最具性感标识的象征物，它其实比女性人体本身更具诱惑力。借助内衣的点缀，女性人体才更充满吸引力和美感，这也是古代内衣所体现出来的较为隐晦的功能。内衣自诞生之日起，便与"情""色"有着千丝万缕的联系。远古时期某些地区的人们穿着内衣是为了保护生殖器官，是生殖崇拜的反映，而这种生殖崇拜暗含着最原始的情色意味。在内衣逐步发展的过程中，它开始具有了一些情爱的色彩，如元代的"合欢襟"，从名称上看就具有一丝暧昧的意味。还有一些绣有象征爱情和婚姻的鸳鸯、并蒂莲、蝶花恋等图案的内衣，也隐喻着男女情爱，或表达着锁于深闺的女性对爱情和幸福美好生活的憧憬。甚至在早期的内衣中还流行过刺绣春宫图，可见情爱与情色其实只有一步之遥。在颜色上，古代内衣也多用明亮、艳丽之色，尤其是象征爱情的内衣，通常用喜庆、吉祥的中国红，充满着热烈、奔放的情感韵味。

20世纪胸罩的发明，一方面是为了保护女性身体，让女性身体能够得到解放，让乳房得以自由生长；另一方面依然有着女性的羞耻心理作祟的因素，即是为了对性器官起遮掩作用。但随着胸罩的不断普及，人们对胸罩的认知也在逐步提高。到今天，胸罩所产生的穿着效果似乎和最初的遮掩目的背道而驰——不是为了遮掩，而是为了凸显那些被遮挡的部位。胸罩反倒成了一种欲盖弥彰的工具，当然，这也是塑形内衣的主要功能之一。总而言之，内衣看似对身体进行了遮盖，实则增加了身体的丰腴诱惑感，使人体的性感越发得以彰显。当代女性对内衣的追求与喜爱，已远远超越了内衣最初所具有的功能。她们用内衣来装饰身体、美化体形、彰显个性，内衣所带来的风韵和性感是女性最无法抗拒的诱惑。

（二）内衣——情之所依

中国女性服饰历来是严谨的、保守的。"出必掩面，窥必藏形"是儒家思想对古代女性的劝诫和约束，因此古代女性必须遵从封建礼法，不得突出个性、强调性感，更不得任意暴露自己的身体，或是露出贴身穿着的内衣。尽管古人对内衣的心态是避讳的，但内衣承载着女性几乎全部的情感。在现代服饰研究中，中国古代内衣甚至被现代学者当作艺术品加以欣赏和研究，可见古时女子在内衣上所花的心思和技巧。这也反映了古代女性压抑不住的对美的追求及在贴身穿着的内衣上所倾注的情感。古代女子足不出户、独守深闺，只有在贴身内衣上用一针一线委婉地表达并释放着内心的压抑，这是女性自我情感的宣泄以及表达对自由、美好生活的憧憬和向往的一种途径。在这种情感的宣泄中，女红成为女性独有的绝技和工具。中国古代女性历来擅长女红，这也是古代评判女子是否心灵手巧、是否贤惠的特有准则。古代的女子通常将各种或是祈福、或是表达爱情等主题的纹样精心绣制在贴身穿着的内衣上，以获得情感上的宣泄和寄托。因此，各种花鸟、山水、龙凤吉祥物、神话故事、戏曲人物、生活叙事等都成了内衣丰富多彩的装饰纹样题材。常见的有：在内衣上绣制喜鹊和梅花图案表示"喜上眉梢"；绣制莲花和鱼图案表示"连（莲）年有余（鱼）"；绣制石榴图案则表示对多子多福的祈求；绣制牡丹花卉则意味着对美好富贵生活的向往；绣制各种猛兽则寓意着避祸驱邪；等等。另有各种表现夫妻间互敬互爱、白头偕老、永不分离等美好爱情的象征符号，如鸳鸯戏水、游龙戏凤等，这些在表达人们对美好生活憧憬、向往的同时，也满含古代女子的浪漫情怀。除了丰富的纹样，古代内衣还配有丰富的色彩来突出装饰主题，如通过红与绿、黄与蓝的强烈对比来烘托热烈的情感气氛；通过近似色或渐变色的配置来产生温婉含蓄、恬静雅致的温情效应。表达爱情主题的内衣大多选用大红大绿的强烈色彩，以制造一种浓烈的感情氛围。这些纹样和用色，都成了古代女性宣泄情感的载体。

现代女性虽然也在贴身穿着的内衣上寄托自身的情感和个性追求，但与古代女性不同的是，她们早已摆脱了封建礼教的束缚，并不需要依靠内衣来含蓄地表达自己内心的渴望，而是将内衣视作人体第二层肌肤，大大方方地表达对自身身体的呵护和对个性的追求。这得益于现代女性内衣功能的多样性、服饰穿着环境的开放性和包容性所带来的对女性人体认知上的变化。现代女性内衣样式丰富，种类繁多，功能齐全，结构上融合了西方服饰形态，装饰上又体现了中国传统文化，因此，在装饰功能、塑造人体体形功能、表达女性个性的功能、传达情感等方面发挥得恰到好处。除此之外，现代内衣还表现着女性自身的修养、品位及她们对生活的态度。今天的女性懂得呵护自身身体，注重生活质量，使各种高档、精致、品质优良、设计优美的贴身内衣成了她们呵护自身、体现自身品位和文化素养的载体。可以说，无论古今，女性内衣在发展过程中始终没有离开过情感表达这一诉求，这也是今天的女性内衣设计需要关注的重要方面。

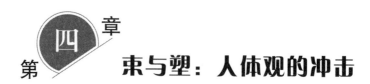

第四章 束与塑：人体观的冲击

一、束——被动接受

中国古代服饰有着严格的等级制度，上至皇室贵胄，下至平民百姓，在服饰形制、色彩、纹样等方面都有着明确的限制和规定。对古人来说，人与服饰的关系通常并不是一种自由选择的关系。人们在选择穿着何种服饰时，要受到客观自然环境的约束，也要受到文化社会环境的限制，甚至在某些情况下，人们的穿着完全违反自身意愿，呈现出一种被动性着装。这种被动性着装在一定程度上会影响人的身体或情绪的健康发展，但这种被动性着装在某些社会思潮的影响下通常又变得合情合理。尤其对女子而言，当社会对其设定了一种符合当时社会风潮及道德标准的着装准则时，女子会不惜破坏自己正常发育的身体，对其重新加以塑造以迎合社会的审美。这种破坏性的行为从古至今都不鲜见，按出现的年代来划分，可以分为两大类：一类为较原始的或被称为古代做法的行为，包含穿鼻、穿唇、环颈、穿舌、凿齿、染齿、黥面、涂面等，这些做法如今仍然存在于某些原始部落中；另一类为较后期的或被称为现代做法的行为，包含文眉、文眼线、文唇线、隆胸、抽脂肪等，现代人将其统称为美容术。上述审美现象有些在今天看来是畸形的，也根本无法引起人们的审美快感，但在当时能适应社会环境并迎合社会对女性的审美需求。其实，不论中西，无论古今，人类对身体的改造行为一直都在发生，只是这种行为的文化内涵及所赖以存在的环境在不断发生着变化。

（一）束腰——文明的遮羞布

通常认为，束腰的流行是在欧洲文艺复兴时期伴随着人文主义运动的兴起而出现的。当时在人们思想解放大思潮的影响下，女性开始用紧身胸衣或裙撑将身体禁锢和束缚起来，塑造一种细腰丰臀的形象。也就是从那时起，束腰风靡了整个欧洲，成为欧洲上流社会淑女们不懈的追求。这一现象的出现紧密迎合了文艺复兴运动提倡的"以人为中心来观察问题，赞美人性的美好，反对神的权威，以人性代替神性，充分肯定人的价值和尊严；提倡幸福就在人间，反对教会的禁欲主义，追求世间的财富、艺术和爱情的享受；尊重知识，崇尚理性，反对教会的蒙昧主义和神秘主义，相信自己的创造力"这一人文主义思潮。在社会大思潮的影响和带动下，女性束腰变成了一种理所当然的行为，甚至成了一种高贵的、文明的象征。

尽管紧身胸衣流行了 300 多年，欧洲女性们乐此不疲地追捧它、使用它，但紧身胸衣对人体的摧残和迫害是毋庸置疑的。女性为了追求细腰阔臀，常常不惜借助硬质的工具对身体加以塑造，金属质地或鲸鱼骨制的紧身衣胸衣便是在那一时期出现的。由金属或鲸鱼骨制成的紧身胸衣能紧紧束缚住女性的腰部，直至腰部变形至所需要的形态和尺寸。女性身体在紧身胸衣的长期压迫下呈现出病态和畸形，她们也因此受尽痛苦和折磨。医学家曾对欧洲几个不同时期的束腰女性进行解剖检查，发现这些女性的内脏器官都已挤压变形，甚至移位，如横膈膜移位，胃脏被挤成长形，胰脏和肝脏发生变形等，这些变形都会对人体产生致命伤害。但在 300 多年的时间里，欧洲女性不顾紧身胸衣对身体的摧残，甚至不惜承受着生命危险，乐此不疲地摧残着自己的身体。这种以牺牲人体健康、迫害人体正常生理机能为代价而追求的人体畸形美，在很长一段时间不仅没有引起人们的反抗，也没有引起争议，反倒被认为是一种文明的表现，这不得不引起人们的深思。

女性在人文主义思潮的影响和感召下，以夸张的形式展露自己的身体，甚至对自身进行加工，使之呈现出极具性特征的外形，从某种意义上讲，这也是人类性意识解放的一种深刻表现。常言道，女为悦己者容，这是"悦人"的表现，也是"悦己"的表现。女性不惜牺牲健康和生命，用紧身胸衣束扎出纤细的腰肢，背后隐藏的其实是最原始却又不曾表露的性动机。李当岐在《西洋服装史》中指出："自文艺复兴以来，表现女性美时，不断地反复使用紧身胸衣和裙撑这种整形工具，许多社会学家和心理学家分析 20 世纪以前女装上的服饰美学心理时发现，之所以如此，其中主要原因在于其色情性和性感作用。"这表明在思想解放之后，人的肉体不再是罪恶的，人有权享受肉体的快乐。因此当紧身胸衣将人体形态塑造成一种性感符号时，虽然人肉体上在承受着巨大折磨，但精神上在享受着快乐。此时的痛苦已不再是痛苦，而是一种追求心理快感所带来的愉悦，当这种愉悦与文明扯上关系，一切对身体的伤害行为都变得理所当然。

　　紧身胸衣的流行是从上流社会开始的，这与早期服饰流行的发展规律是吻合的。从早期服饰的流行看，宫廷往往是人体审美中服饰流行的源头，不论东方还是西方，都是如此，可以说东西方服装的流行都迎合了封建君王的统治需求。封建社会是以男权为主导的社会，女性必须依赖男性得以生存，因此女性以男性的审美和喜好来约束自己的着装，这是一种习惯，也是一种必然。束腰看似发生在欧洲国家，但也并不完全是欧洲淑女们的特权，在中国的春秋时期也曾出现过对细腰的追求。《墨子·兼爱中》曾有记载："昔者楚灵王好士细腰，故灵王之臣，皆以一饭为节，胁息然后带，扶墙然后起。比期年，朝有黧黑之色。"这一记载详细描述了该时期对细腰追求的状态。虽然追求细腰的方式不同，但都是为了迎合他者的眼光。只不过楚灵王喜欢的是男子纤细的腰身，因此男子不惜节食，每天只吃一顿饭以保持腰身的纤细，直至饿到扶墙而站，脸色黑黄。这种节食行为与今天某些女性为追求苗条的身姿而拒绝吃饭的行为是一致的，它虽然没有导致人体形态上的畸变，却也严重影响了人的生理机能，严重者甚至会威胁生命。这也就是流传了两千多年的"楚王好细腰，宫中多饿死"的诗句的源头。

　　楚王的"好细腰"导致了楚国时期男子的节食，这与欧洲女性追求细腰阔臀而使用紧身胸衣进行束腰的本质是一致的，都是在追求他人眼中的美，在跟随当时的审美潮流。人们不惜通过对身体的损害来追求人体的形态美，放在今天就是一种病态的审美，是一种近乎荒唐的追求。

（二）话说"三寸金莲"

　　在中国古代服饰的发展中，也曾出现过和紧身胸衣一样迫害人体的服饰，那就是中国妇女的裹脚布，或称裹足布。关于裹足的起源，尽管到现在还存在争议，但比较普遍的观点是缠足始于南唐后主李煜在位时期。据传李后主有一位窅娘，美丽又多才多艺，能歌善舞。为了取悦皇上，该窅娘以布帛缠脚，将脚弯成新月状，在高六尺的金莲花上起舞，舞姿轻盈优美，深得李后主垂青。后来，这种缠脚的做法流传至民间，并逐渐普及到百姓人家，之后发展成为衡量女性是否美丽的标准。那时，中国女性的裹脚和西欧妇女的束腰一样，都要"从娃娃抓起"。拥有一双小脚在那时被认为是衡量"女性美"的一个重要依据。此习俗一直流传了整个宋朝，直至元、明时期，至清代更有登峰造极之势。据记载，男人求妻"不仰观云鬟，先俯察裙下"，意思是男子娶妻不看容貌而是先观察脚。当时男子对小脚的喜爱竟然夸张到娶妻以脚大为耻、以脚小为荣的程度，真是匪夷所思。有资料显示，清朝末年山西每年都要举行一次小脚会，每年的这一天妇女们都盛装坐在门前，各自穿着新鞋，将脚伸在前面，让过往的游人观看，以博得观者的称叹。如果符合当时的"小、瘦、尖、弯、香、软、正"的审美标准，便能得到人们的赞誉，不仅自己自豪，家人也倍觉光彩。当时社会对女性有"足不出户"的约束，女性的脚也是不能随便让外人观瞻的，但小脚会可以抛开世俗的眼光明目张胆地举行，足见当时对小脚的荣宠程度。

尽管裹足严重地损害了女性的身心健康——民间有"小脚一双，眼泪一缸"的说法，但中国女子对小脚的热爱丝毫没有减弱。据传民间女子从四五岁起就开始缠足，至六七岁已基本定型，但也有终身缠裹着两条布带的。裹足的方法是通过人力的作用使脚的跖骨脱位或骨折并将之折压在脚掌底，再用一层层的裹脚布将其紧紧裹住，双足之后便慢慢长成另一种形态。这种断骨、塑形的做法彻底改变了脚的大小和形态，将正常脚人为塑形成了畸形脚。被缠足的女子步履艰难，疼痛难忍，可想而知，缠足对女性身体的摧残是多么令人不寒而栗。在当时医学水平较为低下的情况下，因缠足引发疾病或导致死亡是常有的事。好在缠足这一行为所带来的危害在当时已逐渐被部分有识之士所认识，并开始关注、反对，他们积极号召人们破除该陋习，但由于缠足陋习早已深入人心，要想根除，实属不易。清代乾隆年间，朝廷曾多次下令禁止妇女缠足，但收效甚微。近代康有为曾通过一篇《戒缠足会檄》来号召大家放弃缠足陋习，却遭到了人们的强烈反对和攻击，足见当时裹足观念的根深蒂固。

缠足虽苦，但"魅力"强大。缠足的魅力不仅在于其"小""秀"和"软"（小脚美的标准曾被确定为：一肥、二软、三秀，"且肥软或可以形求，秀但当以神遇"，等等），更在于缠足者行动时轻盈、飘忽的仪态美，即一步三摇所表现出来的女子媚态之美，以及由此而引发的种种联想。焦仲卿有诗曰："足下蹑丝履，头上玳瑁光……纤纤作细步，精妙世无双。"缠足后走路若清风拂柳、一摇三晃的窈窕身姿，细小的外在形态和娇媚的内在美达到了中国传统美的内外兼备。这种缠足的"魅力"与形成于17世纪并流传至今的芭蕾舞蹈有异曲同工之处，难怪林语堂先生将芭蕾舞看作同裹脚一样落后的所谓艺术。

缠足违背了人体的生理需求，它通过人为的塑形改变足部的形态来满足畸形的审美需求。在此过程中女性要经受巨大的痛苦和折磨，通过牺牲自身的健康来换取别人的赞美。缠足形成的是一种"弱不禁风""娇小瘦弱""体柔如絮""小鸟依人"的柔弱病态之美,有人说这种美虽然符合男尊女卑的封建礼教道德规范,但导致了民族体质的进一步弱化。女性这种畸变的审美观是依附于男性的审美观念及审美情趣甚至是癖好之上而形成的,也是由于传统男权社会对女性的畸形审美需求而产生的。缠足在强势的男性眼中是一种美,他们喜欢女性那种娇柔的小足,这种小足能让男性产生一种高高在上的满足感和控制欲。出于对男权的依附,为取悦男性,女性将男性的审美观移于己身,绞尽脑汁使自己的天足变得娇小。这说明在女子社会地位极端低下的男权社会中,女性已完全丧失了审美主体地位,只能按照男性的审美要求来"美化"自己。与此同时,女子的行走、自由也进一步被限制,达到所谓"大门不出,二门不迈"的地步。《女儿经》上说:"为甚事,裹了足?不因好看如弓曲,恐她轻走出房门,千缠万裹来拘束。"缠足之后的女子足不出户,更容易保持贞洁,再加上脑海中被灌输的各种封建观念,更易被男子所左右,男性也更容易达到统治社会并独自占有女性的目的。

缠足与欧洲妇女的束腰在本质上有着惊人的一致。当我们理解了欧洲妇女的紧身胸衣一方面在摧残着人体,一方面却又使人们精神上获得满足的时候,我们也就不难理解中国女性流行千年的缠足了。中国女性缠足虽苦不堪言,但又祖祖辈辈心甘情愿地实践着。可以看出,在封建社会中,女性的缠足不仅在取悦男性,同时也在愉悦着自身,女性自己也在享受着小脚带来的满足和欢愉感。在那时,畸形的小脚已不仅仅是女性下肢的一部分,更是被塑造成了女性的私密性感部位,甚至男子对女性小脚的玩赏和骚扰也能被看成是性骚扰,这对于今天满大街光脚或露脚的女性来说,简直是不可思议的事情。裹足的陋习始于宋代,历经近千年,至中华人民共和国成立才基本绝迹。随着妇女解放运动的展开,女子的地位逐步提高,这种畸形的审美也失去了它存在的作用和依附的土壤,束缚了女性上千年的陋习才得以破除。

有学者指出,紧身胸衣和三寸金莲用不同的形式阐释着同样的心理诉求,即女性在用性符号吸引男性的同时,也在大胆地传递着自身的性意念,当这种性需求的表达得到男性的回应时,女性也获得了同样程度的欢愉,这是对女性改造身体行为本质的概括。紧身胸衣是欧洲社会发展到封建社会,摆脱了宗教神权的束缚,完全在世俗皇权的统治下之后出现的。无论是束腰还是缠足,都是女性在封建制度压制下的作茧自缚,她们为了在不平等的社会地位中寻求自己的位置,用美貌和有魅力的身体换来男性对她们的垂青，这也实在是不得已而为之的行为了。

（三）束胸——曾经的时尚

缠足是中国历史上残害女性脚部发育的一种残忍的禁锢方法，让古代的女子痛苦万分，而对胸乳的束缚，则是套在女性脖子上的另一层枷锁。束胸即用布帛束紧胸部，使胸部平坦，以遮蔽女性特征，并使体形苗条。女子的胸部一向被视为敏感禁忌的部位，也被深藏不露，这与儒家思想所提倡的"三纲五常""三从四德"对中国女性身体的禁锢是分不开的。束胸是中国社会不断向前发展的产物，在这一发展进程中，女性审美在不断发生变化。女性的束胸在一定程度上也显示了这一时期女性对男子喜好的迎合，如同女子为了迎合男子对于"三寸金莲"的迷恋而不惜遭受裹脚的折磨，即使脚骨断裂、发育畸形也在所不惜那样，女子的束胸曾经也迎合了男子对于"丁香乳"的喜好。中国古典审美意识里，美的胸乳都是含而不露的，好的胸乳是小乳，藏在内衣里，不易被人察觉。所以早期中国的女子采取束胸的方式，不仅是为了遵守传统的社会规范，也是为了压制胸部的性感形态，以形成小的胸乳，保持胸部线条的苗条，迎合男子的喜好。尤其是在以平胸为美的民国初期，女子以布帛束胸，为保名节，"乳殇不医"，虽死犹荣，可见束胸观念已深入人们的骨髓，束胸也成为那时特有的一种"时尚"。从民国时期传下来的很多年轻女性着旗袍的老照片及现代表现民国时期女性生活的影视剧中，都可看到女性着装后平坦的胸部。女子将乳房紧紧地束裹在平整的束胸布之内，努力将立体的乳房压迫成平面状，严重影响了乳房部位血液的流通，阻碍了乳房的健康发育。不过，高耸的乳房在布帛的压迫下也依然蠢蠢欲动。束胸的行为也曾遭到很多进步人士的反对和抨击，完全是出于对女性身体健康发育和成长的考虑。鲁迅先生在《而已集·忧"天乳"》中写道："今年广州在禁女学生束胸，违者罚洋五十元。"可见有识之士也曾与这种恶习抗争过。朱家骅从国家重建的角度，将女性身体健康与国家民族复兴的密切关系作为反对束胸的主要出发点。他指出，束胸"于心肺之舒展，胃部之消化，均有妨害。轻则阻碍身体之发育，重则酿成肺病之缠绵，促其寿短。此等不良习惯，实女界终身之害，况妇女胸受缚束，影响血运呼吸，身体因而衰弱，胎儿先蒙其影响。且乳房既被压迫，及为母时乳汁缺乏，又不足以供哺育，母体愈羸，遗种愈弱，实由束胸陋习，尤以致之。"

束胸使女子胸部变得平坦，这一行为的思想源于一种含蓄的甚至是隐藏式的中国式审美。这种带有中国特色的审美归根结底来自历朝历代一系列针对女子的女诫、女规。在这些规则的限制下，对女性身体的束缚变得合情合理，而这些规则的影响也使女性必须克制自己，自我压抑，甚至消灭自我意识。如果她们有一丁点的越矩行为，便是有伤风化和大逆不道。尽管后世的人们不断在为女性自身的解放做斗争，但传统的含蓄式的审美标准依然对后世女性的审美观念产生了深远的影响，也对中国内衣的发展产生了重要影响，这从中国传统服装造型就可以看出。中国传统服装在造型上追求二维平面效果，回避用服装的立体结构来刻画身体本身的立体形态，作为贴身穿着的内衣很好地诠释了这一现象。中国的女性一向"重妇德，轻才能"，以柔弱为美，在封建礼教思想的毒害下，长期遭受着身体上和精神上的双重禁锢与束缚。在女性美的观念上，除了在繁荣昌盛的唐代出现过少有的视具有阳刚之气的健硕丰腴的身材为美外，女子一向以柔弱的形象为美，因此在服装包裹下的身体也显得瘦弱纤细。及至宋代，女子似弱柳扶风，封建保守，内衣也呈现出紧身的样式，将女性身体更加紧地束缚起来；至明代，社会风气逐渐开放，服饰呈现出暴露甚至情色的风貌，主腰这一内衣变得更加紧身，但与宋代不同，明代女子穿上紧身内衣不是为了束缚身体，而是为了展现自己优美的身材曲线，这与当时的社会风貌是吻合的。可以看出，在服饰发展过程中，无论外衣的形制如何稳定，内衣都在松、紧之间不断地交替变化，呈现出不同时代的服饰文化特色。

民国时期是束胸真正出现的时期，这也是为什么今天人们只要提及束胸，首先就会想到民国时期的女子着装。民国初年，尽管服饰风气已有所开化，但女人的身体依然是不能轻易外露的，即使是睡觉，也要穿着长过膝盖的长背心，当时的内衣对女性胸部的束缚已达到了极点。由于封建意识根深蒂固的影响，女性的双乳被视为"淫荡"的象征。因此在女性成熟后，必须将乳房束缚起来，避免显现女性的胸部特征。"厚厚的几层布，形状像个桶"，这是对当时束胸布的一种描述。后来又出现了一种俗称"小马甲"的内衣，并逐渐在女性中流行开来。这种内衣是由"捆身子"（即束胸布）演变而来的，是专为束胸而制的，不论贫穷富贵，皆要穿着。富贵人家多以丝织品进行制作，普通人家则用棉布。在小马甲的前片缀有一排密纽，或者是侧开口的形式，使用时将胸乳紧紧扣住。小马甲可套头穿着，即以包裹的形式围于胸前，系上带子束紧；也可以敞开式穿着，胸前系上一排扣子束紧即可。

同缠足一样，束胸也给女性的身心带来了严重的伤害。束胸使内脏器官受到压迫，使呼吸功能受阻，并严重阻碍了胸乳部位的血液循环，严重影响了乳房的发育。当然，在今天，人们早已摒弃了束胸这一陋习，并已形成了健康的积极向上的女性审美观念。

二、塑——主动选择

女性美的审视标准伴随着时代的变迁在不断发生变化，但在中国传统文化的影响下，女性美的准则不论在哪一个时代，都同时满足了外在特征和道德底蕴两个方面。今天的女性越来越认识到美的整体性，即既具备形体美，又具备容貌美，同时还要具备精神气质的美，这才是新时代时尚女性的理想追求。在现代女性美的自我表达中，她们往往会根据自身的意志去选择某种能表达自身美感的手段或方式，这是一种主动性选择，其中服饰、塑形等都是人们日常用来表达美的方式。但服饰的选择在表达人体美感的同时，不能抛却社会伦理道德的制约，如选择服饰时要考虑穿着的场合是否合适、显露的部位是否符合社会道德准则、造型是否符合社会审美思潮等。从这里可以看出，选择穿何种服装虽然是一种穿着者的主动行为，却逃不开穿着者本身所处的总体环境的制约和影响，也就是说穿着者个体在选择穿着何种服装时并不是完全自由的，而是要受到穿着场合、时间、社会评价、流行潮流、社会道德规范等的约束和影响的，这也符合服装工效学中"着装要适合着装环境"这一理念。不过现在的人们对自身形体的表现越来越多样化和主体化，且人们早已摆脱了封建时代强加给女性形体上和精神上的枷锁，在人体美的表达上已由被动变为主动，对自我身体的塑造带有强烈的主观意愿。较之以往，在形式上的选择要自由得多。

（一）现代人对身体的自我塑造

古往今来，不论东方还是西方，人们对自身形体的改造从未间断过。从原始人的穿舌、穿鼻、涂面，到现代人的文身、隆鼻、削骨等，无一没被人利用过，有些原本被认为是野蛮的装饰手段，如今却又被"文明人"重新拾起，并贴上"时尚"的标签。与古代不同的是，现代人对自身体形的塑造是自由的，是可以选择的，并不是社会准则规定了人人都要做或者不做某种装饰行为。当然，只有当人们对自身的形体外观有所追求，或是有所遗憾，或是追求个性，或是宣泄情绪，或是想获取知名度时，他们才会有塑造身体的想法和举动，因此也就出现了人们眼中的"另类""出格"等行为。这些行为其实也只是少数人的行为，最常见的就是影视明星的文身、整形、美容了。这些行为并不是传统社会的桎梏造成的，而是塑形者本身的意愿及对社会审美标准的认知和跟随引发的。对大部分现代人来说，他们虽然不反对某些损害身体的"雕琢美"，但也并不提倡，因为这种美的获得毕竟是以损伤人的自然身体为前提的。从身体健康的角度来说，这种对身体的塑造与穿着紧身胸衣、缠足有着相似之处，不同的只是被塑者可以本着自己的意愿自由地选择何种方式而不需要理会他人的眼光。

现代人们最常见的对身体的塑造方法就是美容术。电视、杂志、街头巷尾，到处充斥着美容术的广告，一个个光鲜亮丽的平面美容模特时不时引得人们驻足围观，很多美貌的知名女星也成为年轻女性竞相模仿和追逐的对象。伴随着美容术的出现，现代美容业也应运而生。现代美容术可以将人体从头到脚来个彻底改变。脸部的美容术是最多的也是最常见的，如觉得单眼皮不够漂亮可以割双眼皮；眉形不够好看可以文眉；眼袋下垂，皱纹增多，可以切除眼袋，除去皱纹；鼻子不够挺括，可以隆鼻；睫毛不够长，可以种植睫毛；颧骨过高或下巴不够尖，可以削骨；还有文唇、接发、增白等，甚至可以凭空做出原本没有的酒窝。美容术对脸部的塑造简直无所不能。身体上的美容术最常见的则是隆胸和抽脂。隆胸源于对自身乳房形态的不满意，如乳房下垂或不够丰满，多数女性会使用塑形内衣来增加乳房的高度和丰满度，对乳房形态进行调整，但有一部分女性则不惜冒着生命危险，通过隆胸术在乳房部位填充异物，使其看起来丰满和性感。

除了脸部、胸部的整形，腰、腹部位也是女性较为关注的部位。自然似乎总在与人体过不去，隆胸是因为胸部过于平坦、不够丰满而要对其填充，而腰、腹部位的整形是因为脂肪过多而需要将其去除。女性都希望自己腰、腹部位平坦，腰肢纤细苗条。苗条的身材是今天的女性共同追求的目标，也是她们最热衷谈论的话题之一，女性在为之不断付出努力，锻炼、节食，甚至不惜在身体上动刀子。女性的这种诉求催生了抽脂术的诞生，抽脂术可以通过现代先进仪器将身体多余的脂肪抽出来，让女性获得苗条的身材，但女性也要因此忍受皮肉之苦。尽管时不时有因为美容术危及生命的报道，但这依然阻止不了女性奋不顾身奔波在爱美征途上的脚步。现代医学、科技虽然都比较发达，但从本质上来说，这些美容术依然在破坏人体自然的生理结构，改变着一个人原有的自然形态，应该说这也是人类本身对自然的挑战。女性为了追求美仍在奋不顾身，以身试险，这是否是人类发展到一定阶段后对于美的迷失呢？

（二）话说塑形内衣

虽然今天有很多女性没有选择美容、整形等手段来美化自身形态，但并不代表这些女性缺乏对人体美的追求。生活中大多数女性会通过美体塑形内衣来对体形进行调整和塑造。塑形内衣的主要功能是保持体形的优美和轻盈，使人体在运动中保持肌肉和脂肪的稳定，塑造自然、舒适的人体形态。塑形内衣美化体形的原理在于通过机械外力的作用使脂肪短时间内移位并固定，达到美化人体形态的目的，这也是人体脂肪和肌肉的可塑性造成的。塑形用的文胸就是用来美化胸部的有力工具，它可以将腋下脂肪堆积形成的副乳转移至胸乳部位，并通过文胸自身的结构加以固定，防止乳房下垂，同时抬高胸部，达到美化胸部曲线、保持胸部理想形态的目的。还有胸腰腹三合一的连体束衣、束腰、束裤等，这些都是用来调整体形、塑造女性完美身材的塑形内衣。不过值得一提的是，塑形内衣对人体形态的塑造并不是永久的，只是暂时性的，即一旦去除内衣，人体会恢复到原有的自然状态。但它最大的优点在于，在对人体进行塑形时，在人体能承受的压力范围内不会对人体造成伤害。

中国女性对塑形内衣的认识源于各种火辣而大胆的内衣广告，如街头的各种滚动播放的内衣视频、图片，电视上的真人内衣秀及各种功能内衣的动画演示，各类报纸杂志上的内衣图片，等等。身处其境，人们如同进入了一个内衣的广告世界，这些广告刺激着人们的感官，引起人们的一声声惊叹，以至于让人跃跃欲试。内衣模特们也抛却往日的羞涩和扭捏，大大方方地炫耀着自身苗条而又性感的身材，她们的美丽令人炫目，令人羡慕，这些都对塑形内衣的流行起到了有力的引导和推动作用。同时，商场、超市、专卖店等人群聚集的地方，多姿多彩的内衣实物也夸张地、毫不避讳地悬挂在挂衣架上，或展示在姿态各异的人模身上，似乎还带有一丝招摇的意味。内衣不再是羞于见人的服饰，而是成了一种司空见惯的日常用品。内衣的绚丽及内衣模特的美丽带给中国女性巨大的惊喜及视觉冲击的同时，也带来了人体美的诱惑。人们认识到原来女性的美还可以通过内衣来塑造和展现，这也引发了塑形内衣的穿着热潮。

中国女性认识和了解塑形内衣还有一个很重要的因素，那就是对自身三围的认识。三围对旧时的中国女性来说是一个很陌生的概念，它是在 20 世纪 80 年代随着中国改革开放的深入及国内外服饰文化的交流而进入中国的。20 世纪 90 年代是现代女性内衣发展的重要时期，这一时期最重要的变化是人们开始看重对人体的研究，注重服装与人体结构的吻合性。因此人们对三围的了解也逐渐增多，胸围成为女性内衣设计的重要依据，也成为女性关注的对象。此时的女性更加体会到女性内衣的重要性，认识到塑形内衣对女性身体的塑造作用，因此对塑形内衣的需求也越来越大。这种对内衣的心理需求也极大地促进了现代内衣的发展，从而使服装设计中出现了专门的内衣门类和内衣产业。

（三）塑形内衣对人体的支撑

东方女性在身材上似乎有着先天的不足，主要表现在下垂而外开的胸部、平坦而缺乏丰满感的臀部。在塑形内衣出现以前，中国女性从没想过内衣能将人体体形调整到令人满意的程度，但科技的发展将塑形内衣打造成了塑造人体形态的武器。塑形内衣的神奇之处在于，对上半身来说，它能从胸部两侧向中间加压，将胸部及双肋肌肉和脂肪向中间聚拢并向上提升，以改变胸部外开、下垂和不够丰满的外形；对下半身来说，则可以束紧腰、腹、臀部，通过收紧腹部赘肉和托举臀部肌肉来获得人体丰满的臀部和修长的身体曲线。当然，今天的塑形内衣由于选用了轻薄、透气而又有弹性的面料，再加上一些科学的制作工艺和技术，能够在塑造人体形态的同时，使身体得到很好的舒展和自由活动。人们已亲身体验到现代女性内衣已不再是束缚人体的工具和精神枷锁，而是美化女性体形和保护身体的重要服饰。因此在了解了自身体形的不足后，很多女性能积极地通过塑形内衣来调整体形，改变自身形态的不足；通过塑形内衣来重塑自己的三围尺寸，以获得身体曲线的美感。爱美之心，人皆有之，女性对美的追求一旦有据可循，便会一发不可收拾，并将这种追求当作日常生活的一部分。因此现在的女性经常聊到的话题很多都是关于瘦身、健身、美容等方面的心得和感受，这说明中国女性的着装观念及对美的认识已经有了很大的变化。

随着社会文明的进步及人们对新时代健康理念认识的提升，人们对女性内衣的要求不再只停留在美观、时尚与性感上，更多的是希望内衣具备更符合时代要求的功能，如既紧贴身体，又毫无束缚感；既能塑造优美形态、展现女性魅力，又能舒展自如。这一需求反过来也推动了纺织科技的进步和服装业的发展。尽管塑形内衣如文胸、束裤等在 20 世纪 90 年代才真正在中国得以发展，但事实上人们对塑形内衣的渴望在这之前就已经有了，只不过是受到物质条件和生活环境的限制，把重心放在了减肥、健身这些活动上。时尚发展到今天，人们已懂得如何利用服装扬长避短、弥补身材的缺陷与不足，如懂得利用外衣的款式及长度弥补上下身比例的不协调，也懂得利用外衣的款式及色彩弥补身体因肥胖或瘦弱而带来的不足等。当人们对自身的美的认识有了更进一步的提高后，内衣的功能也逐渐显现出来。精致的女性除了关注外衣样式，更关注内衣的穿着效果，也关注内衣穿着时对外衣效果的体现，这也是现代女性内衣在中国蓬勃发展的一个重要原因。

有广告说，科学地穿着塑形内衣就如同天天在锻炼身体，这样体质就会更加健康，体形也将大大改善，这并非没有道理。健康、舒适、时尚的塑形内衣从某种程度上对人体的胸、臀部位起到了支撑作用，减轻了重力作用的影响，不仅满足了女性美化体形的心愿，还给她们带来了因更健康而拥有的身心愉悦，这与女性在热爱美丽的同时又极端崇尚健康的诉求是一致的。现在只要提及内衣，人们就会联想到"舒适"二字，这里的"舒适"与"束缚"是相对的，因为今天的内衣已不再像束胸布一样将人体紧紧裹住，而是内含弹性材料，穿着时优良的弹性能让人体呼吸自如，行动无拘无束，犹如人体的第二层皮肤。弹性和力的作用还能转移和分散人体的赘肉，使其均匀分布。不过女性穿着塑形内衣后的舒适只是一种相对的舒适，其身体并不是完全不受约束的，只是这种约束是在身体所能承受的压力许可范围内，不会危害到人体健康。其实适当的束紧并不会损害身体，相反会给身体带来一种轻快感。体育运动员依靠某些弹性服饰提高运动效率就是很好的例证，如绑腿能增加人体弹跳的轻快感，紧身游泳衣能促进人体运动的灵活性等。同时，适当的束紧也可以给人带来心理上的安全暗示作用，即身上的赘肉和身体的有关缺陷不会被无情地暴露出来，尤其是在衣衫单薄的夏季，更能给人一种心理上的安定感。因此可以说，选择了塑形内衣，一方面选择了对身体的"束缚"，但这种束缚与西方的紧身胸衣对人体的束缚是完全不同的，它对爱美的女性来说是不可缺少的；另一方面也选择了对身体的塑形，即选择了对女性身体曲线的成功塑造，这是今天的女性为了追求自身美好形象所做出的选择。

三、放——美的抉择

服饰发展史中无论是缠足还是束腰，本质上都是在强化男女身体差异，表现女性对男性审美眼光的迎合，显示出强烈的男尊女卑的意味。而现代社会，女性早已摆脱了对男性的依附，社会地位有了很大提高，女性审美的主体地位也在逐步凸显，女性在人体美的追求上，逐渐回归到一种自然的返璞归真的状态。华梅说，人追求美的动机与行为越自然，人为加工的痕迹越少，就越是进步的，也是符合现代人的生态观的；反之，则是落后愚昧的。因此，追求美应以不损伤人体为前提，不仅要避免人为的加工，更要使人体感觉舒适、自在，不矫揉造作，这也是女性争取自身权利和地位的一种表现。

不论是中国还是西方，历史上都有过女性解放运动，女性为争得自身权利在不断进行着斗争。20世纪的西欧时装界呼吁女性放开腰肢、解放身体。20世纪70年代提倡的无结构服装、20世纪末提倡的宽松式服装，都是要让身体得以舒展，给人体最大限度的自由和满足。中国女性的废缠足和放天足、民国时期沸沸扬扬的"天乳运动"，都反映了女性解放自我、将自身躯体从传统的服饰束缚中解脱出来的强烈愿望。

（一）"放腰肢"

20世纪初期，随着妇女解放运动的推进，女性终于从统治者的专制压迫中解脱出来。与男子一样，女性也开启了从事社会活动的权利和自由。旅行、骑马、游泳等以前只有男子可以从事的运动也成了女性热爱的活动，不仅如此，女性还可以读书、识字，甚至还可以在社会上从事相关的职业。社会活动的广泛开展使女性感受到了旧式着装的不便，她们越来越想摆脱服装对人体的束缚，迫切希望将自己的身体从紧身胸衣的禁锢中解脱出来。1900年，"健康胸衣"的诞生开启了女性胸部和腰部解放的历程。这款"健康胸衣"是由一名法国女子夏洛特设计和创造的，是一款呈"S"形的女性胸衣。这款胸衣虽然在外形上依然收紧腰部，但在胸部进行了改良设计，呈凸起状态，可以给胸部足够的空间，将乳房解放出来，使之得以正常发育，因而得名"健康胸衣"。"健康胸衣"的问世是该时期女性对身体解放不断努力的结果。1910年，法国服装设计师香奈尔设计了一款无领对襟毛衫和裙子的套装，这款套装在外形上使女性的腰部能恢复到正常发育状态，意在解放女性腰肢，将女性从坚硬的紧身胸衣中解脱出来。这款套装的问世既是服装设计史上的一次重大改革，也是女性解放运动中的重要一环。除了香奈尔，美国的服装企业家塞尔弗里德杰也一直致力于女装的改革，在1939年他八旬高龄时，仍郑重强调："时装的设计要有空间感……它必须给妇女在生活上带来更多的便利和舒适。"为了解放女性身体，给予妇女活动更多的自由，设计师们对服装的设计和改良从来没有停止过，这也促进了服装产业的发展。

解放女性身体的行动在第一次世界大战期间得到了前所未有的响应。1914年第一次世界大战爆发，女性在残酷、恐怖的战争环境中，常常需要不断奔跑、躲避，迫切需要穿着兼具舒适性和运动方便性的服装。为了适应这一迫切需求，除了衣身开始变得宽松肥大、便于行走外，服装的长度也开始变短，缩短到脚踝以上几厘米到十几厘米。1918 年，女裙进一步缩短到小腿肚处，女性的双脚、双腿开始裸露。至 1925 年，女裙又进一步缩短到膝盖处，女装也发展成直线型轮廓。没有了缩紧的腰部，也没有了夸张的臀部和过分凸起的胸部，女性的身体在服装中回归自然，女性躯体被彻底解放了出来。这是女性服饰发展史上的进步，也是女性在争取自身权益的斗争中取得的极大成就。

（二）"放天足"和"改良脚"

中国女子的"放天足"与欧洲女性的"放腰肢"几乎同时代进行。19 世纪末期，太平天国打着推翻清政府的旗号，制定了一系列改革措施，其中就有针对妇女解放的"反对妇女缠足"条款，这一条款从太平天国女兵中开始实施。太平天国提出："妇女不准缠足，违者斩首""夜间女百长逐一查看，有未去脚缠者，轻者责打，重则斩脚"。虽然对缠足者的惩罚如此之重，但由于历经千年的缠足陋习早已深入人心，并不是这么容易就能被破除的，太平天国禁止缠足的成效并不大。1874 年，伦敦传教会的约翰·迈克高望牧师在厦门设立"天足会"，这是中国第一个反缠足的组织。1883 年，维新派代表康有为在老家广州南海创立"不缠足会"，其老婆、女儿都不缠足。至清末，在变法维新浪潮的冲击下，反对缠足成了朝廷的"新政"之一，光绪、宣统两朝曾几次下诏谕告全国禁止缠足，甚至连老朽透顶的慈禧太后也树起了反对缠脚的大旗并下达"劝禁缠足"的御旨。从民间组织到朝廷"新政"，禁止缠足的措施如此强硬，但缠足依然屡见不鲜，足以见得缠足陋习的根深蒂固。

20 世纪初期，随着东西方文化交流，许多大都市女性开始了放足或不缠足，这种新思潮源于知识分子到国外留学的影响。不缠足的思想逐渐被知识界人士认可和采纳。加之封建王朝的没落带来了无尽的战乱，战争中的缠足女子行动极为不便，人们也逐渐从嘲笑清代女子和太平天国女兵的"天足"，到挣脱裹脚布，切身感受到不缠足所带来的轻松舒适、行走便利。这种轻松、愉悦和自由也让那些已经缠足的女性纷纷解开裹脚布，让已经饱受摧残的双脚得以解脱。新思想的传播、战争的摧残进一步动摇了千年的缠足陋习，天足也逐渐被看作知识和文明的象征。因此"放天足"逐渐传播开来，被争相效仿和普遍接纳。女性的"放天足"和"改良脚"在中国妇女争取权益的解放运动中具有划时代的意义，这既是女性身体的解放，也是女性自由精神的呐喊。

第 五 章 中西合璧：人体美的追求

一、中国内衣——二维平面

（一）中国服装一元的传承

从距今约 1 万年的新石器时代的人类知道如何纺纱织布开始，人类就逐渐抛却了兽皮树叶的围裹，开始自制简单的贯头衣，这是最早的服饰形制。贯头衣的样式即为在一块布的中间挖个洞，再把两侧缝一部分，剩余的没有缝制的部分形成洞，穿着时头部从布中间的洞中钻进去，两侧留的洞即为胳膊伸出来的地方，与今天的太阳裙式的斗篷披肩极为相似。这种易于制作并方便穿着的贯头衣后来发展成定型的服式，也成为人类服装最原始的造型。从上古时期人类开始穿着服饰起，中国的服装造型便以"贯头型""包裹型"和"挂覆型"展示在人类面前。这几种造型的服装均属于宽松型的服装，用现代服装设计的眼光来看，它们属于无结构的形式，只是将一块布简单地披挂或包覆在人体上，是一种制作简单、面料利用率较高的平面造型服装。

周代奠定了中国服装的基本形制，即深衣制。发展到春秋战国时期，深衣成了该时期的代表性服装，且形制上又分化出直裾（图 5-1）和曲裾（图 5-2）两种形式。曲裾深衣也称"绕衿衣"，衣襟与直裾深衣有较大不同，主要特点为衣襟较长，呈三角形绕至背后，用丝带系扎，是春秋战国时期出现的一种上下连属的服式。深衣的穿着就像用布料将身体层层包裹，将人体隐藏于内。这类服装简便适体，用途广泛，不分阶层，不分贵贱，不分男女，各类人群皆可穿着。因此它既是士大夫阶层的居家服饰，也是寻常百姓的礼服，深受人们的喜爱。深衣虽然在形制上比贯头衣要复杂许多，但它和后来流行了几千年的"上衣下裳"一样，也没有脱离这种包裹型的造型。

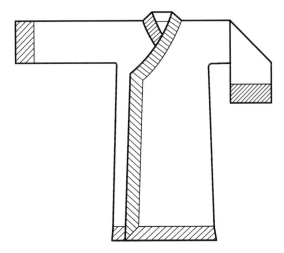

图 5-1 直裾深衣结构示意图

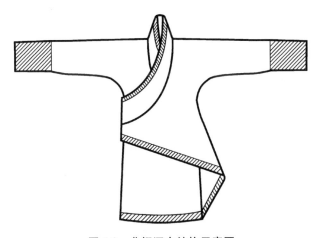

图 5-2 曲裾深衣结构示意图

　　秦汉时期出现了一种袍服，并成为这一时期的主要服装。它是一种源于深衣制的宽袍大袖的服装，袖子较大，衣襟绕襟层数在原有基础上又有增加（图 5-3）。从外观形态来看，袍服袖身宽大，叫袂；袖口收敛，叫祛。袍服也可以分为直裾和曲裾两种类型。曲裾袍服同战国时的深衣一样，穿着时不分男女，通身紧窄，下长拖地，下摆多呈喇叭状，行不露足。衣袖宽窄不一，且袖口多有镶边。秦汉时期的直裾袍服又称襜褕，样式与春秋战国时期的直裾深衣较为接近，为东汉时一般男子所穿服饰。穿着时衣襟相交至左胸后，垂直而下，直至下摆。与曲裾袍服相比，直裾袍服衣襟相交的部分较少。

图 5-3　秦汉时期的袍服结构示意图

　　汉民族服饰的形制一直较为稳定，直至发展到清代被满族服饰所取代。清代服饰虽然是多民族文化交流融合的产物，但满汉服饰在形制上维系着同样的上衣下裳或上下连属的形式，平面形态的服饰形态特征没有发生根本性的改变。不过清代服饰是中国服饰发展史上的一个转折点，清军入关后，中国服饰以满族服饰为主流进行着进一步发展。清代也是少有的以少数民族服饰为主的时期。

　　少数民族服饰中平面式贯头型服饰也很常见。有学者在对民族服饰进行考察时发现了古时候"贯首服"的遗制，即今天的广西河池以西的"白裤瑶"，那里有一种短衣，只用一幅长形衣料制成，布料中央挖洞，套入即成衣衫，两腋并不缝合。考古学家宋兆麟先生也对"挂覆型"的服装进行了考察和论证，他发现在贵州和云南北部彝族地区有一种羊皮褂，是由一整张皮做成的，这是远古披兽皮的遗风。范明三先生在他的考察中也有此类发现：楚俑衣服前襟绕周身的结构，如果展开，本是一幅方布裁开而成，上部裁剩的恰成衣袖，这意味着最初的衣服就是由布幅缠身变来的。这些研究发现是对中国平面服饰形制的论证和补充。

　　中国服装千百年来都保持着平面造型结构的稳定发展而没有发生变化，这与中国历史上特立独行、缺乏与外界的交流是有很大关系的。有学者认为，这种缺乏与外界的交流的原因一方面是不便于交流，另一方面则是不屑于交流。中国文明中心地带的黄河及其支流都不利于航行，大多数汉代的水利工程都是用于灌溉而非用于交通，在不具备现代条件之前，陆路的运费要比水路的运费贵 20~40 倍，因此，在古代有限的条件下，中国与周边地区进行交流的难度较大，成本也较高。而中华五千年的文明也让中国人产生了强烈的优越感，连外国人都这么称赞中国："中国又一次活脱脱地给我们展现了一个全新的世界。它的人民受过那么良好的教育，遵循着他们祖上先贤的礼乐诗书的陶冶……它的这些光荣足以胜过我们这些欧洲国家。""在我们的祖宗还生活在野森林时代时，中国就有了这么精致、优雅、伟大的文明。"因此，中国人对外来事物向来是不屑一顾的。另外，从服装所具有的精神属性来看，我们的先辈一直把服装视作"礼"的表现形式，而"礼"又是维持国家稳定的基石，所以历朝历代都对"变服"十分慎重，所以就不便于交流与变化了。这种"不便于"与"不屑于"交流的结果是中国五千年的服装在基本的结构造型上几乎没有发生变化，但中国人很快就付出了傲慢的代价。钱婉约指出："西学新知远未能撼动中国传统知识体系，加之一般士大夫对于西方宗教神学观念的抵触，使得明代中国人对于西方新世界和西学新知未能给予真正的重视和关注。"她还以"中华帝国晚景夕照""传统人士最后的文化优越感""中西文化强弱对比的转折点"为论点阐述时代中国人最后的文化优越感。自古以来，中国服装在一种自大的情绪中鲜有对外交流，而即使有交流，也是发生于彼此"相似"的地方，这样不会对服装的根本产生动摇。孔子的"克己复礼"与"服周之冕"，意思就是一个春秋时期的人要继承与恢复西周时期的服制。再往后，孔夫子的弟子们把这种做法延续下去，他们有的把这种理论升华到典籍的高度，有的则直接参与到服装的设计实践中去。这样，在纵向继承与横向交流这两个推进服装变迁的主要推动力来源中，继承无可争辩地占了上风。

中国封建时代的服饰文化年复一年地不断被强化，而且始终局限在自我平面的圈子，在孔孟儒家的思想教条中徘徊。这种千百年继承下来的服装形制也一直流传到近代，呈现的都是大襟、连袖、松身、直摆、无肩斜、无省道的平面造型结构。衣服制作都是用整片式直线裁剪，没有肩缝，前后衣片相连。裁剪时先将衣料一折成四，前片、后片、左右衣袖连在一起裁剪而成，最后将腋下部位多余衣料剪去，修剪领围即成。缝制时沿着袖底和两侧摆缝，将前后衣身对叠缝合即可。这种服装平直宽松，与人体的空隙较大，自上而下逐渐增大，形成上敛下丰的斜势，胸、腰、臀部不明显。

至辛亥革命时期，中国2 000多年的封建君主专制被彻底推翻，中国服饰才开始进入一个新的历史时期。鸦片战争使中国国门大开，洋装开始流入中国，服饰的改制也被改良主义者康有为提了出来，一些归国留学生也开始穿西装，却遭到了习惯于宽衣博带的中国人的抵制和鄙视，不过，这并不影响一部分人对西式服装的追求。上海的一些时尚女性也开始追求穿着紧身合体的服饰。"衣瘦如竹管，后露臀前露乳"就是当时上海时尚女性着装的写照，被前清遗老们认为有伤风化。20世纪初，经过维新运动的洗礼，中国人也渐渐开始接受洋装。1911年的辛亥革命不仅结束了清王朝的统治，也让中国人的服饰彻底改头换面，至此之后，封建王权对中国服装的影响也逐渐消失，中国服装的审美开始与世界接轨。东西方文化的交流和融合促使中国服饰形制彻底改头换面，步入了一个崭新的历史时期。

（二）二维平面服装下的人体观

中国服装的平面结构千百年来都没有发生变化，这与中国封建社会传统的礼制观念对中国女性人体美的束缚是分不开的。在今天看来，女性身体的美在很大程度上取决于人体的体形，即身体曲线，而胸部、腰部和臀部是构成女性身体曲线的三个重要因素，且臀部和乳房为女性的性特征，它们一起代表了性之美。然而，在中国封建社会，与性相关的臀部和乳房被视为不健康的、羞耻的东西，中国式服装对这些所谓的不健康的、羞耻的东西起到了很好的掩盖作用。中国传统的男装和女装在外形轮廓上的差异很小，这不是偶然的，而是为了掩盖中国人思想意识上的男女差异而刻意造成的。

张竞琼先生对江苏泰州明代刘湘夫妇墓等若干墓葬出土的袄、衫数据进行了统计，得其腰身（相当于西式服装的胸围，是中国服装横向尺寸最小的值）平均值为130 cm，下摆平均值为181 cm；对江苏金坛南宋周瑀墓等若干墓葬出土的袍的数据进行了统计，得其腰身平均值为121 cm，下摆平均值为215 cm。如果以现在服饰合体性的基本标准尺寸与这些数据进行比较，可以看出当时的服装是十分宽大的，且从腰身到下摆呈直线梯形。另外，他又对江南大学民间服饰传习馆中的部分传世服装进行了测量和统计，以山西、河南、山东、福建、辽宁、江苏等地的"上袄下裙"为对象，测得女袄腰身平均值为117 cm，男袄腰身平均值为117 cm；女袄下摆平均值为147 cm，男袄下摆平均值为140 cm，说明男女衣服尺寸都差不多，且都较为宽大，形态也较为一致。这些都说明中国服装试图用一种宽大的直线轮廓把人的天然形态掩藏起来，使人们不能通过服饰区分男女体形，以达到掩盖女体体形的目的。张先生又对江南大学民间服饰传习馆中的部分传世服装中女袍和女袄的胸围和腰围差进行了测量与统计，结果发现女袍的胸围和腰围之差的平均值为-8 cm，女袄的胸围和腰围之差的平均值为-6 cm，说明那时女服胸围的尺寸比腰围的尺寸还要小，与人体的躯干尺寸形态正相反。这说明中国传统女装具有掩藏女性人体性特征的作用。为了不显露女性体形特征，古代的中国人就用这种平面的、宽大的和直身造型方法来进行服装的设计与制作。

将身体隐藏在宽大的服装之内是古代中国人对人体遮掩的惯用手法，但中国人并不是一点都不想表现人体，只是对人体的表现有其自身的表现形式罢了。只要社会规范允许，或社会风气开放，人们就会通过轻薄的衣料或通过薄、透、露的衣衫来表现人体的性感，因此也就有了唐代透明的衫子与抹胸的交相辉映，也就有了"薄罗衫子透肌肤""窄罗衫子薄罗裙，小腰身，晚妆新"的半遮半掩式的含蓄的表现手段，但这毕竟只是中国服饰发展史中的特例。

总的来说，中国传统服饰的重点不在于表现人体，相反，在于掩盖人体，它最重要的功能是通过面料、色彩、纹样等的应用来显示身份、地位、等级的差异，是人与人之间不平等的标签和表现。

（三）内衣同样是塑形

尽管对中国古代内衣的文字记载并不多见，但从考古发现的实物、影像、图片、野史及小说等的描写中可以推断内衣发展的大致过程及在不同时代所起的作用。作为服装的一个种类，同中国传统服装的其他门类一样，内衣也逃脱不了对人体遮掩的作用。在某些特定时期，内衣甚至不仅仅是遮掩身体的工具，还是塑造、压迫体形的工具。当然，与西方内衣将人体塑造成细腰丰臀的性感的立体形态完全相反，中国式内衣的塑形是将女性人体胸部束紧，使之成平面状，阻止胸部形态凸显，消除女性性感特征。这主要归因于中国古代内衣的平面结构特征。与外衣一样，中国古代内衣的结构形态及造型也呈现出平面的、直身的形式。内衣对人体的平面式塑造无论是为了迎合社会的时尚潮流还是为了遵循社会审美准则，都是对女性的一种压迫。

纵观中国古代内衣的发展，可以看到，无论是秦汉时期的抱腹、心衣，还是魏晋时期发展起来的裲裆，及至唐代流行的柯子、宋代的抹胸、元代的合欢襟、清代的肚兜，乃至民国时期的小马甲，它们除了外观形态上的些许差别外，形制上都极为相似，都是用一块平面的布料围裹在胸前或腹部，用于遮掩或束紧女性的胸部和腹部，这才是中国古代内衣真正的本质和作用。虽然在民国时期，一部分新潮女性已开始穿着显露身材的改良旗袍，但她们仍不忘在胸前裹一块名曰"小马甲"的束胸布将胸部隐藏起来。当然，对当时的社会环境来说，这是合情合理的，也是"正派"人士的表现。

二、西方内衣——三维空间

（一）西方服装对人体的表现

"认识你自己"是一句希腊格言，它是让每个人都能舒展大方地正视自己的肉体，不带丝毫羞怯与扭捏，这是西方与东方在人体认识上的一个重大差异。人体美在希腊人心中有着怎样崇高的地位，从芙丽涅被审判一案中就可以看出。古雅典最著名的美女芙丽涅因常当模特而被诬为有伤风化，而当她所有的辩护都无效时，她当庭解开衣裳，呈现裸体。人体的美丽是圣洁无罪的，法律被美丽所征服，最终她被无罪释放。恩格斯说："没有希腊文化和罗马帝国奠定的基础，就没有现代的欧洲。"西方女装的发展，既与西方社会文化同步，又独特地折射出西方人心目中"女性"这个词内涵的重重变化。希腊人形成了一种与众不同的宗教观，那就是人神同形同性，即人与神有着一样的外观形象，也有着一样的内心世界。正因为把人抬升到了不亚于神的高度，于是人自身的自信心高涨。因此，古希腊人不论什么样的身份地位、男女性别，都崇尚平等自由，且甘愿为自由献身的精神也无处不体现在他们身上。即使是穿衣，也要获得最大限度的自由，将一块布自由地披挂或缠绕在人体上，即可成为一件令人惬意的衣服。丹纳说："衣着对于他们只是一件松松散散的附属品，不拘束身体，可以随心所欲在一刹那之间扔掉。"

欧洲的服装以表现人为中心。古希腊人的挂覆型服装，虽然只是一块简单的平面的布料，但它是围绕人体来进行穿着的，能十分自由地表现人体，与当今的服装立体裁剪颇为相似。但欧洲也经历过黑暗的中世纪时期，这一时期到处充满着战争与掠夺，人民颠沛流离，宗教文化极大地制约了人们的思想和审美。女性在宗教禁欲主义盛行下，把身体更多地隐藏在衣服下，不能显露体形。不过虽然中世纪社会文明受到了巨大威胁，但因为横跨亚、非、欧的文化交流与融合，古希腊文明得到了极大丰富，从此拉开了古希腊文明与其他文明交融的序幕。与此同时，东方大量物质和技术传入西方，随着商业和手工业的发展也带来了西方经济的繁荣，西方女装开始追求豪华和优美。到12世纪中后期，欧洲出现了女性紧身胸衣。

紧身胸衣的出现实际上也是出于对人体表现的动机。到 13—15 世纪的哥特式时期，欧洲的社会风气发生了显著的变化，在宗教外衣下，贵族们开始追求更多的自由和享乐。女装向显露体形和暴露肉体方向发展，服装的造型空间由二维迈向了三维，出现了从空间角度考虑的立体裁剪。服装从前、后、侧三个方向去掉了胸腰之差的多余部分，呈现出收腰的形式和结构，这即是现代服装结构设计上的消除浮余量或收省。欧洲人在哥特式时期所发现的"省道"帮助他们完成了衣服对于人体的完全雕塑，他们的这门技术也被史学家认为是东西方服装造型方式的分水岭。

（二）再说紧身胸衣

在整个欧洲的时装发展史中，最具争议的服饰是紧身胸衣。紧身胸衣可以说是西方内衣史上最具特色、最有代表性的内衣。从文艺复兴后期到 20 世纪，紧身胸衣一直深为西方女性所喜爱，成为这一时期女性必备的内衣用品。经历了中世纪宗教思想的禁锢，文艺复兴时期的服饰在造型上极为夸张，处处张扬着对人的重视、对美的追求，这种服饰把对人体的塑造推到了极致。爱德华·马奈说："也许我们可以将缎制紧身胸衣看作当代的裸体塑像。"紧身胸衣的穿着目的不仅仅是合体，还要使人体的腰围更加纤细，以此来达到"丰乳、肥臀、细腰"的效果，使女性的身材曲线更加优美。为了塑造立体的服装造型，强化紧身及细腰之美，女性甚至不惜牺牲身体的健康而穿上硬质的紧身胸衣。据称，许多女性为了拥有不到 18 英寸（约 46 cm）的细腰，不顾一切地束腰，以至肋骨断裂，伤及内脏。为了迎合这种细腰的时尚，女性从小就要束腰，束腰后不仅无法正常呼吸和进食，甚至还会改变身体骨骼形状和内脏的位置，极大地摧残了女性的身体。

但随着紧身胸衣对人体的危害逐渐被人们所认识，女性对紧身胸衣的束身要求也在逐渐淡化，直至最终消失。历史学家们把紧身胸衣的消失归功于服饰改革运动和女权运动。其实也可能是因为随着人们对户外运动的逐步重视，现代流行的优雅身材悄然兴起，评价体形完美与否的标准也由是否具有维纳斯的富态之美变成了是否具有戴安娜的苗条健康之美，而这一变化最终导致了紧身内衣的彻底淘汰。

尽管有人把紧身胸衣认定为危害健康的罪魁祸首，甚至定罪为扼杀生命的元凶，但紧身胸衣也有其不可埋没的优点，它是自我约束、气质高雅、声名显赫、年轻貌美、性感迷人的女性象征，是女性将自己身形变得更漂亮，并希望尽可能长时间地保持魅力和青春的心理反映，也是完美女性身体的象征，这些正是中国内衣与西方内衣在表现人体上的巨大差异。

三、现代内衣——中西人体文化的交融

（一）中国服装观念的变化

现代中国人穿着的服装已大部分是结构上西化了的服装，与传统服装结构相比发生了本质的改变。中国服装的改变得益于中国服装观念的变化及人体审美观念的变化，而中国服装观念的变化则源于身体观念的改变。伴随着自由、民主社会精神的广泛传播，社会伦理道德观念不断发生改变，这促使身体观念日趋开放。从"出必掩面、笑不露齿"到逐渐将身体某些部分展露于外，我们看到了中国人开放的现代精神。中西文化交流与融合也促进了中国人审美的多元化发展，为服装观念的变化注入了一剂兴奋剂。

西方美学偏重于美学法则，受到自然科学，特别是生理学、心理学和人类学的影响，而中国的审美观念与西方迥然不同，中国的审美向来注重精神上的享受，并打着"礼"的旗号大行其道。因此，中国服装在中国式审美观念及"礼"的影响和约束下，固执而稳定地盛行了千百年。直至19世纪末到20世纪初，人们对中西服装的对立观念逐渐消除，中国服装受西方服装的影响而开始悄然发生改变。

中国服装观念的变化导致服装形态的变化，其本质在于人与人之间平等观念的建立，即人与人之间没有了等级制度之分，服装也就因此失去了象征身份、地位的意涵，服装的设计也就朝着服装美及服装的实用性方面发展。摆脱了条条框框约束的服装设计变得更加自由、开放，并越来越追求艺术化。中国传统服装一直带有一种精神气韵上的美感，而这种美感源于悠久的民族历史文化，但对今天的服装设计来说，服装也要体现自然美和艺术美，要通过人来表现其完整的美。张竞生认为，"美的服装不妨碍身体，而是帮助身体的发展"，明确了身体的舒适性是服装美的机能性基础，即"美"不能以牺牲"用"为前提，这是服装设计观的重大转折。

对服装审美观的改变也是促使中国服装发生改变的重要原因之一。服装的审美观是随着对人的形象审美观的变化而发生改变的。"衣冠之治"曾经是封建礼教的重要内容，它繁琐的规定和僵硬不变的范式压制了人们对服饰选择的自由度，甚至扭曲了人性，使人们出现了服饰审美观上的病态和畸形。在传统伦理道德观念的作用下，"衣冠之治"使女性服装被严格限制，削肩、细腰、平胸、薄而小成为当时对女性美的评价标准。在传

统伦理道德观念的影响下，女性本身的身体是不足为道的，只是一个衣服架子罢了。但这一切在 20 世纪初发生了重大改变，这得益于中西服饰文化的交融，使平肩、挺胸的健美观念逐渐形成。此时崇尚个性自由、体现审美情趣的新服装观念随之得以确立，主要表现为服饰选择的多样性，如旗袍、泳装、睡衣及各式裙裤等不同类型的服饰可以自由穿着。其中最具代表性的服饰品种为改良旗袍，此时的旗袍采用了西式裁剪，服装结构设计原理也在旗袍设计中加以运用，使用了胸省和腰省，一改旗袍往日无省的格局和形式，再加上肩缝、装袖及垫肩的使用，使旗袍的肩部和腋下部位变得更为合体。改良旗袍在制作观念上融贯中西，而在服装观念上则解除了封建传统的禁锢，凸显了女性的自然美，真正体现了兼收并蓄的文化特点。这种具有流畅曲线的新式服装受到了女性的普遍喜爱，她们再也不以裸露手臂和小腿为耻，反而以展示身材曲线为美。

可以说，中国服装的审美在 20 世纪初期由欣赏直身宽大的形态逐渐转变为欣赏显示身体曲线的合体形态，在服装的设计与制作中开始注入服装结构设计理念及服装人体工程学的理念。服装不再只是追求美的形式，也在追求实用舒适性。服装开始强调"以人为本"的设计理念，做到"衣、形、人"三者的合一。至此，融贯中西的服装观念得以形成。

（二）现代内衣对人体的体现

在古代中国，自从立下了"三纲五常""三从四德"后，中国女性就开始了几千年的遮蔽或是束紧胸部的生活。但进入 20 世纪后，在中国服装观念变化的影响下，中国式内衣也发生了翻天覆地的变化。首先是文胸漂洋过海来到中国，作为一种更科学、更健康的束胸内衣，逐渐被广大女性所接受和喜爱。文胸与中国平面状的束胸布和西方紧身胸衣的不同之处在于，它是以不损害人体的健康为前提而达到支撑女性胸部的目的。具体来说，它以衬垫作为衬托，从乳房下部束紧，并依据胸部形态塑造美观的胸形，形成优美的胸部曲线。因此，文胸的使用不但打破了中国女性平胸的外在形象，也彻底颠覆了中国女性保守的穿着观念。女性逐渐开放起来，内衣的穿着开始变得时髦而大胆。

随着文胸的普及和发展，内衣产品也层出不穷，到 20 世纪 90 年代，内衣的款式造型、色彩及材料已日趋丰富。仅就款式而言，就出现了前扣式、后扣式、旁开式、无带式、双肩带式、前开背心式、胸腰腹连身式等。文胸材料也开始使用功能型面料、舒适型面料及具有创意的装饰性材料，文胸不仅可以用于塑形，有些甚至还可以对身体起到保健作用。文胸色彩的使用也更加夸张、大胆、毫无禁忌。发展到今天，女性内衣已逐渐成为性感的代名词，并开始向着"露、透、薄"的方向发展，成为现代女性日常生活中不可缺少的服饰，更成为展现女性优美身形的重要武器。

现代内衣设计除了注重款式造型外，各种功能也被纳入内衣的开发与研究中，许多功能型内衣应运而生，如调整型内衣、舒适型内衣、保健型内衣、绿色内衣、运动型内衣、艺术型内衣、智能型内衣等，能适应不同的场合和穿着需要。这些内衣除了具备各自的功能外，还能达到舒适透气、活动自如、柔软贴肤的目的，起到保护人体的作用。

现代内衣虽然蓬勃发展的时间不长，经历了从 20 世纪 90 年代至今大约 30 年的时间，但作为女性贴身穿着的衣物，已形成了一种具有现代意义的内衣文化。它是随着中国女性对人体美认识的不断深入而逐渐发展起来的，既洋溢着含蓄的东方文化情调，又流露出火辣的西方文化激情。

第六章　健与美之争：现代人体观

　　随着科技及经济的不断发展，人类文明也到达了一个新的高度，人们的思想观念越来越开放，中国社会再次进入繁荣稳定的发展时期。与以往相比，人们的生活方式、生活态度发生了很大改变，在追求人体美、展现个人魅力方面变得更为积极、勇敢、自信和独立，这是人们伦理道德观念、着装观念及着装环境的改变引起的。现代女性更看重"个性"，乐意穿着适合自己品位和个性的服装。为了追求服装与自身形态、个性的和谐统一，她们不再盲目追随各种整容、美容潮流，而是积极选择各种健身方式，如舞蹈、健身操、瑜伽等，通过积极的锻炼使自身体形匀称饱满、健康又充满活力，在服装款式及着装方式的选择上越来越自由化、自主化。现代服装设计观念也发生了很大变化，除了追求服装的艺术美感，也在积极倡导健康、科学、符合服装人体工学理念的着装方式，试图通过服装功能与服装美的融合来促进人、服装、环境三者之间的协调统一，使人们在满足物质追求的同时，也能得到精神上的满足与愉悦。

　　女性内衣是现代女性生活中不可缺少的服饰，其功能与作用使现代女性对其青睐有加。它是现代女性塑造胸部美好形态、增强人体气质和性感美的重要工具，这与追求健康生活方式的女性需求是一致的。这种通过内衣来美化人体而又不损伤人体的方式是随着科技的发展而不断得以发展和强化的。现代内衣的设计注重对科技的合理运用，注重以人为本，体现以人为主体地位的设计理念，尤其是近年来一些新型功能性材料的问世，不仅改变了女性内衣原有的材质质感，也在吸湿性、透气性、弹性等方面有了前所未有的提高，从而使女性内衣的穿着舒适性和功能性得到了极大的提高和改善，这得益于服装研究者们的努力和大胆创新。内衣设计在朝着更加科学、更加符合人体工效学理念的方向发展。

一、内衣穿着对人体生理活动的影响

（一）内衣设计的生理学基础

文胸是现代女性内衣中最常见的品种之一，它的重要作用在于保护女性胸部，调整胸部形态。文胸穿着部位的特殊性决定了其必须合体、舒适，并有利于身体健康，这才符合现代人对人体美的追求。这一切都对文胸的造型设计提出了严格的要求，而文胸造型设计的基础是女性自身的胸部特征，离开了女性胸部这一重要依据，文胸的造型设计只能是闭门造车。因此，女性胸部形态、比例、尺寸等参数是文胸造型设计的依据和重要基础。

女性胸部形态主要取决于乳房形态。乳房的生理解剖结构表明，乳房是一个很复杂的腺体组织，里面没有任何肌肉，周边都是软组织，布满丰富的血管，中央部分比较结实。乳房虽然依托在胸大肌上，但完全依靠皮肤对其起着支撑作用。因此，皮肤才是乳房最基本的支撑。若皮肤弹性减弱，乳房就会在重力作用影响下不可避免地发生下垂，这是一种自然的生理现象。女性在生长发育的过程中，随着年龄的增大，皮肤弹性逐渐减弱，乳房下垂现象会越来越明显。因此，皮肤的弹性是维持乳房形态的基本条件。但对现代女性来说，因皮肤弹性逐渐减弱而导致的乳房下垂是可以借助文胸的支撑作用来改善的，甚至可以恢复到原有的生理形态，这也是文胸设计中需要重点考虑支撑功能的原因。

文胸除了要依据乳房的生理结构来科学地设计其支撑功能外，美化体形的功能设计也是需要考虑的，这部分功能以胸部的理想形态为标准加以实现。通常被现代人所接受的美好的乳房是饱满、结实的；呈中等体积，富有弹性，皮肤光滑，下半部无明显皱褶，下垂不明显；乳房的位置或多或少偏高定位在胸脯上。现代研究者们在进行文胸设计时，对乳房形态进行过深入研究，并将其分成了四种类型，即圆盘型、半球型、圆锥型、下垂型。其中半球型乳房饱满充盈，形似半球，被认为是美好的乳房形态。但在实际生活中，不同地域、不同年龄的女性乳房形态是各不相同的，并不是人人都具备美好的乳房形态。由于种族文化、营养结构等因素的影响，女子乳房的形态、大小、位置均有一定的相异性。在早期，关于何种类型的乳房最美一直为人们所争论。直至1820年维纳斯雕像的出现，人们对乳房美的认识标准才得以统一。维纳斯雕像乳房丰满匀称、大小合宜，在视觉上不仅呈现出整体美，还呈现出比例结构的协调。

从人体美学的基本原理可以知道，女子身体各部位比例适度是美的根本，没有也不可能有脱离了全身比例关系而独立存在的人体胸部美。乳房作为女性身体的一个重要组成部分，它的美的标准必须要受到全身比例关系的约束，不能任意改变。因此，乳房的上下位置也是影响其整体美观性的一个重要因素，可以说直接决定了胸部的上下比例关系。乳房作为女性身体上唯一由皮肤支撑的器官，其腺体组织和脂肪组织极易在皮肤松弛和腺体萎缩的状态下受重力作用的影响而下垂。乳房下垂会改变其在躯干位置的上下结构比例，影响其整体美。文胸的作用就在于通过支撑和收拢作用，使乳房接近和保持这种美的结构比例关系。

（二）内衣穿着的生理影响

女性在穿着塑形内衣时，主要依靠内衣的压力和支撑力将脂肪调整到合适的位置，并保持优美的身材曲线。从某种意义上来说，适当的服装压力会对人体产生一定的积极作用。例如，穿着某些体育防护用品会提高运动员的运动效率，增加他们的耐受能力；塑形内衣能调整体形，保持女性优美的身材曲线；等等。但过分的压力会对人体生理活动产生一定的影响，导致人体不适，甚至妨碍人体正常的生理活动及身体健康，如使内脏移位、呼吸和运动受到抑制、血液循环受阻等，最后导致各种身体上的及精神上的疾病，这也正是西方紧身胸衣带来的恶果。因此，内衣对人体的压力必须有一定的限度，否则，不仅无舒适性可言，还会影响人体健康，这也不符合服装卫生学的原理。

关于内衣压力对人体生理活动的影响，有很多学者做过研究。Nagayama 等人曾研究发现，穿着硬质的紧身内衣会导致严重的心血管反应；Nakahashi 等人也通过研究发现，着装压力对皮肤血流量、腿外围皮肤温度及心率是有影响的。另外也有人研究过束裤压力和心脏输出量的关系，发现在腹股沟处，随着压力的增加，心脏输出量呈线性减小。日本有学者对束腰型紧身胸衣、弹性紧身带及胸罩压力对人体生理活动的影响做过实验，结果发现，人体在不同姿态下穿戴束腰型紧身胸衣，呼吸运动会受到抑制，引起肺循环障碍，且心脏会向右倾斜，胃的中间部位也会受压而被上下拉长。因此他指出：穿着的紧身胸衣使劲压迫人体，会成为胃下垂、消化不良、十二指肠溃疡的诱因；而穿着弹性紧身带时，随着压力的增大，呼吸运动会被抑制，使心跳加速，呼吸数减少，且随着心脏倾斜度的增加，会对肺循环和气体代谢产生不良影响；另外，直接被压迫的腹部由于胃变形会引起消化功能下降，甚至引起消化不良、造血功能降低。该日本学者通过研究指出，受压小于40 g/cm^{2}时，胸、腹部各种内脏器官的位置、形态及生理功能没有显著变化；若压力继续增大，各内脏器官的位置及形态会随着压力的增加成比例发生变化，会影响人体生理功能及自觉疲劳程度。因此，通常认为加在身体软组织部位的服装压力的卫生允许值最大为40 g/cm^2，超过此值有可能妨碍健康。另外，穿着胸罩时，比较容易受压的部位为腋下部及乳下部。对普通胸罩的穿着实验表明，当乳下部勒紧 5 cm 时，最大压力不到30 g/cm^2；勒紧 3 cm 时，压力为 24 g/cm^2 以下，这在服装卫生学中是允许的。

胸罩、弹性紧身带、束裤等均为修正体形的女性紧身内衣，尤其是文胸，它能抬高、支撑和保护女性胸部，并对扁平胸部及间距较大的胸部起到集中和收拢的作用，使人体胸部保持在理想的形态、位置和高度，达到调整体形的目的。但调整体形不能妨碍人体生理活动和身体健康，要合乎服装卫生学的要求。因此，塑形内衣在设计时要充分考虑压力对人体各方面带来的影响，要对人体穿着内衣时相关部位受到的压力进行测试，将压力值控制在卫生许可范围之内，使人体在穿着内衣时既舒适又健康。随着高新技术的发展，各种新型功能性的材料得以开发和利用，弹性面料在内衣领域的运用也越来越广泛，使服装压力这一问题得到了很好的解决，但从业者们仍需要在内衣结构与人体结构的吻合性方面继续加以研究和改进，以使内衣在穿着时更为合体、美观、舒适。

二、关于内衣压力舒适性

（一）压力舒适性的有关理论

服装压力是指人体穿着服装以后所受到的压力，通常用 kPa、Pa 等来表示。它包括两个方面，即服装重量形成的垂直负荷和服装形态改变形成的水平负荷。其形成因素可概括为三个方面：一是服装重量形成的压力，即重量压，其载体包括各种防护服、极地用服装等；二是由于服装勒紧而产生的压力，即集束压，其载体包括各种紧身衣裤、女士用整形内衣、皮鞋等，另外还有中国的裹脚布、西欧的紧身胸衣、日本的腰带等都是集束压的重要载体；三是由于人体运动时和服装接触而产生的压力，该压力对服装的运动功能性有很大影响。服装压力是评价服装舒适性以及是否影响人体正常生理活动和身体健康的重要指标。可以说，内衣压力舒适性问题是现代内衣发展中需要解决的重要问题。

舒适性是一个复杂而模糊的概念和评价性术语，是着装者在特定的环境下对穿着服装的生理感觉判断，它涉及物理作用、生理感应，并受人心理感受的影响。虽然通常的解释将其笼统化、复杂化与模糊化，认为舒适性涉及物理、生理和心理过程，但舒适性的评价主体应该是人，物理作用为人体感觉组织提供了信号或刺激，这些感觉组织收到刺激信息，产生神经生理脉冲，并将这些脉冲传送给大脑，大脑进行加工处理后形成舒适或不舒适的综合感觉。压力舒适性与热湿舒适性不同，作用体为力或形变，是接触的感觉，如紧、松、轻、重等。因此，织物的力学性能及服装对于身体的总体合身性都对压力舒适性有直接的影响。

　　对压力舒适性而言，可认为其物理过程主要表现为由于人体与服装的动态弹性接触而产生压力的过程，属于接触力学的范畴。接触力学的研究主要经历了三个发展阶段：第一阶段，接触物体仅限于刚体和简单的弹性体，其主要理论基础为牛顿第三定律和库仑摩擦定律；第二阶段为赫兹创建接触理论，用数学及弹性力学的方法研究了接触问题；第三阶段则为计算力学阶段，利用计算技术对非赫兹接触、弹性接触、滑动接触以及撞击和动态接触等展开了研究，并获得了与实际相符的结果。在第三阶段中，有限元方法得到了广泛的应用，它是用有限个单元将连续的弹性体离散化，通过对有限个单元做分片插值求解各种力学问题的一种数学方法，该方法在服装压力的研究中也得到了应用。

　　在关于服装压力的理论研究中，有关人体与服装之间的动态接触的研究只是近些年才开始出现的，并且主要以紧身衣、文胸、束裤为研究对象。Li 等人使用有限元方法并利用所研制的生物力学模型模拟了穿着运动文胸时的服装压力和应力应变分布，模拟结果与试验结果较吻合，具有一定的预测能力。Wong 也模拟了紧身运动短裤穿着过程中的动态压力分布变化。这些研究理论为塑形内衣设计时解决压力舒适性问题提供了有益的参考。

（二）文胸穿着的力学状态

　　文胸对胸部形态的调整是通过力的作用实现的，而文胸各部位受力状态发生改变又会导致文胸穿着的不稳定性，影响胸部形态，并影响文胸穿着的舒适性。了解文胸穿着时的受力状态对文胸结构设计、文胸塑形功能的实现、文胸的穿着效果以及穿着稳定性和舒适性都有重要意义。

　　文胸主要由五大部分组成，即前中片、肩带、罩杯、前侧片、后侧片，除此之外还有钢圈和扣钩等（图6-1）。文胸穿着时的受力主要表现在上述五大部分。由于每一部分在穿着中所处的位置及所起的作用不同，因此它们各自的受力状态既有相同之处，也存在一定的差异。

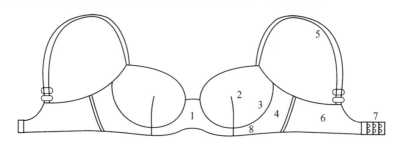

1—前中片（又称鸡心、心位等）；2—罩杯；3—钢圈；4—前侧片（又称侧比）；5—肩带；6—后侧片（又称后比）；7—扣钩；8—下扒。

图 6-1　文胸的构成部位

肩带在穿着中起着提升胸部、防止罩杯下移的作用。肩带在穿着时紧密贴合肩部，由于接触面积较小，可认为其与肩部成点状接触，所受外力作用也主要集中在接触点处。具体来说，肩带不仅受到来自罩杯和后侧片的拉力作用，还受到肩带自身竖直向下的重力作用；同时，由于肩带与肩部的接触，肩带与人体肩部产生了相互的接触压力作用，此作用是文胸穿着时在肩部产生压力及影响肩部压力舒适性的主要因素。另外，由于肩带与人体的动态接触，肩带还受到来自人体表面的摩擦力的作用，该作用与肩带穿着时的稳定性有关。除此之外，由于肩带自身的形变也会产生弯曲应力、剪切应力和拉伸应力等内应力，因此只有当内应力与肩带所受外力达到平衡时，才能维持肩带穿着的稳定性。

罩杯是文胸的主要组成部分，起着包覆、支撑胸部及维持胸部稳定性的作用，与胸部成面状接触。罩杯在穿着时所受外力作用首先是来自肩带的向上的拉力作用。因不同款式文胸的肩带与上杯片连接点的位置不同，所以肩带的方向也不同，因此该拉力作用的方向并不固定。肩带拉力的作用使文胸的提升作用得以实现。除了受到肩带的拉力作用，罩杯还受到来自前中片的拉力作用，该作用能够收拢双乳。罩杯还受到前侧片的拉力作用及自身的重力作用，同时罩杯与胸部之间的相互接触挤压会产生接触压力及摩擦力。另外，由于罩杯自身的形变也会产生弯曲应力、剪切应力和拉伸应力等内应力作用，当此内应力与罩杯所受外力达到平衡时，罩杯的穿着即处于平衡稳定的状态。

前中片是连接左右罩杯的主要部件，穿着时主要起着收拢胸部、防止胸部外开的作用。前中片自身形态具有对称性，穿着时所受的外力作用有分别来自两侧前侧片的拉力作用，两侧拉力大小相等，但方向相反；同时还受到两侧罩杯的拉力作用，两侧拉力大小也相等；还受到自身重力的作用。由于前中片处于胸部正中，通常可认为其与身体接触不多，因此可认为不存在接触压力及摩擦力的作用。但与其他部件相同，前中片由于自身的变形也会产生弯曲应力、剪切应力和拉伸应力等内应力作用。穿着时前中片在上述外力及内应力的共同作用下保持其稳定状态。

前侧片的主要作用是收紧和转移腋下多余脂肪，对胸部的支撑起辅助固定作用，并增加胸部的丰满度。前侧片也受到多方向的外力作用，主要有来自与之相连的前中片的拉力作用、罩杯的拉力作用，还有与之相连的后侧片的拉力作用，以及自身重力作用。同时，由于前侧片与人体的相互接触挤压会产生相互接触压力及摩擦力作用。除此之外，前侧片也会由于自身的形变产生弯曲应力、剪切应力和拉伸应力等内应力作用。前侧片面积虽小，但受力较多，且较集中，因此宜用较稳定、不易变形的材料进行制作。当前侧片所受各种力达到平衡时，前侧片处于稳定状态。

后侧片主要起着固定和连接文胸左右两部分的作用，穿着时附着于人体背侧，不会受到人体胸部的作用力，受力状态较为简单，但也受到多个外力的作用，如受到前侧片的拉力及扣钩处的拉力作用，还受到肩带的拉力及自身重力作用。由于肩带方向及肩带与后侧片的连接点因款式不同而有所不同，因此后侧片所受肩带拉力方向和位置也是不同的。同时，后侧片与人体背部的相互接触会产生接触压力和摩擦力，除此之外，穿着时后侧片自身的形变也会产生弯曲应力、剪切应力和拉伸应力等内应力作用。当上述各力达到平衡时，后侧片处于稳定状态。

文胸穿着时的力学状态是文胸塑形功能得以实现的重要基础，也是内衣设计过程中进行材料选择和造型设计时需要考虑的重要内容。随着现代女性生活质量的不断提高，女性对内衣的要求不再只是遮羞蔽体，而是要求其能调整体形、修饰身体曲线，以弥补女性自身形态不足，内衣的舒适性也被提到了很重要的位置。应该说，美与健康兼顾，这才是现代女性对内衣的要求。

（三）文胸压力舒适性的影响因素

文胸压力舒适性的影响因素有很多，有穿着者生理和心理的影响，也有文胸自身客观条件如文胸结构、款式、材料等的影响。总的来说有三个方面，即穿着者的穿着习惯，文胸穿着状态，文胸的结构、尺寸及材料弹性。

有人对文胸的穿着习惯进行过调查研究，结果显示，文胸穿着时间的长短习惯以及穿着文胸的大小习惯均会影响到人体对压力的感知程度。另外，人体穿着文胸时文胸在静止状态和运动状态下产生的压力大小是不同的。运动状态下压力大小的影响主要来自人体上半身的运动。不过，人体全身的运动及运动时间的长短对压力也会产生一定的影响。研究表明，穿着者对文胸的运动方便性是很重视的，这可能是由于运动状态下会出现肩带和罩杯移位的现象，这不仅会导致穿着者心理上的不适感，而且会使得压力大小发生变化而引起穿着者生理上的不适。因此，穿着者的运动状态对压力的产生有很大影响，进而会影响舒适性。另外，文胸的结构、尺寸及材料弹性不合适均会使穿着者产生身体上的不适，这种不适主要是由这三者综合引起的文胸对人体的压力造成的。可以说，文胸自身的结构性能是影响文胸压力舒适性的另一个重要因素。设计文胸时，要从穿着者个体习惯差异、文胸材料和结构等方面综合考虑压力带来的影响。

三、现代人体审美对内衣设计的影响

中国内衣的发展与演变，始终伴随着中国女性的着装思想观念与社会意识的不断变化。内衣在发展演变中与人体审美相互影响、相互渗透、相互促进，形成了现代内衣的发展体系，出现了科技与文化、历史与现代、健康舒适与性感时尚的相互融合。

（一）现代人体审美标准

美是人类永恒的话题，女性美更是人类文明的结晶。从古至今，对女性美的定义众说纷纭，界定女性美的标准也因时代、地域、民族等不同而有所差异，中国女性的美在社会变迁中不断变化。那么，对现代社会而言，什么样的人体才是美的？现代美学中的美既包含了属于社会科学范畴的心灵美，也包含了属于外在表现的形体美和服饰美，服饰美是建立在人体美的基础之上的，又是为塑造人体美服务的。因此，对内衣设计而言，把握了人体美，便可使服饰美与形体美达到完美的统一，也能在一定程度上让现代女性的美得以体现。

人体美的标准总的来说是建立在人体各部分之间协调的比例关系基础之上的。对现代女性来说，人体美不仅需要有协调的身体比例，还要有健康的体态，即健美。健美指人的健康强壮的身体所显现出的审美属性，是人们追求人体美的一个综合标准，表现为人体肌肉、骨骼、血液、肤色等都充满着生命的活力。一个健美的人体，不论其外部形态还是内部结构，都是匀称、协调、充满生机的，任何行为都能显示出全身各部分的协调和

谐、自然舒展、生机盎然、神采奕奕。没有强健的身体，或许服装也能表现人体优美的身体曲线，体现女性弱柳扶风的窈窕身姿，却不能表现真正意义上的人体美。因此，从现代科学的角度来说，女性的健美应达到三个基本要求，即胸部丰满、腰部结实柔韧、四肢灵活舒展，这与通常认为的女子健美的标准是吻合的，即通常以体形匀称、姿态优雅、胸部丰满、肩圆腰细、肤色光洁润泽等标准来衡量女子的健康美丽。

健美与人的形体美密切相关，可以说健美是形体美的基础。人体有对称的造型、均衡的比例、流畅的线条、坚强的骨骼、匀称的四肢、丰满的躯体、柔韧的肌肉、健康的肤色，这才是形体美的表现。但除此之外，健美还要求具有充沛的精神、愉快的情绪、青春的活力。因此，美的人体应该是健、力、美的结合，也就是说美的人体应该是健康的、充满活力和生机的。没有健康的身体，就没有人的形体美，只有健康、匀称的人体形象才能表现出富有生命力的美，显示出充沛的精力。

健康是一切美的源泉和基础，随着人们生活质量和健康观念的改善，病态、羸弱的美在现代女性的心目中越来越没有地位，女性把关注的焦点更多地放在了健康上。健美操培训、形体训练、有氧运动等名目繁多的"女性健康美体"项目一时风靡大街小巷，街头巷尾随处可见女性积极参与健康锻炼的身影。据了解，健美操已经成为许多现代女性热爱的活动之一，在许多专业女子健身中心，每天都会有不少女性前去上课学习。健美操除了能调节女性生理机能，使人体保持健康外，还能对人体局部进行塑造，即通过身体各部位的加强练习，达到塑造线条美的目的。因此，一些有特殊需要的女性，如因哺乳导致乳房松弛变形的女性，通过健身塑形运动即可加强对胸部的重新塑形，让乳房丰满迷人；或因生育而出现腹部肌肉松弛的女性，同样可以通过腹肌训练，达到小腹平坦有力、富有弹性的效果。除了健美操以外，形体雕塑和瑜伽也成为比较受女性欢迎的项目。形体雕塑是借鉴舞蹈动作，主要通过韧带的拉伸来增加机体的柔韧性，纠正包括"O"形腿、"X"形腿、驼背等在内的不良体形；而对于体形正常的女性来说，它可以进一步塑造女性气质。瑜伽则是一种介于气功与形体训练之间的健美运动，它具有改善内分泌、调节身心、放松精神的好处，也深受女性青睐。

除了身体健康外，当代女性还很重视心理健康。在当代多变的生活环境中，中国女性所承受的心理压力日益增大，快节奏的工作和生活使她们的心理状态已经由依附走向自主，由封闭走向开放，由优柔寡断转为干练果断，她们逐渐学会了通过积极参与文娱活动、慈善活动或者通过协调人际关系等多种方式来调整自己的心态，放松自我，培养良好的心理素质。越来越多的当代女性表现出豁达开朗的心境、落落大方的气质。

健美还要与心灵美相结合，只有拥有健康美好的心灵，才能有健康美好的情绪，以及健康美好的姿态动作和行为；只有具有了心灵美，才能有真正的健美。心灵美蕴藏在女性内心深处，是女性内在素质的体现，也是女性美的核心。新一代中国女性追求的心灵美是多种多样的，如正直、善良、宽容、乐观、坚强等。随着女性知识层次和内在素质的不断提高，她们更愿意用高贵的品德、善良的内心、纯洁的灵魂、坦诚的胸襟、真实的爱心、坚忍不拔的毅力来展现经久不衰的个人魅力，逐渐远离虚荣、自私、褊狭、粗俗。

可见，女性的理想健美状态，不但包括美丽的体形、健康的身体，还包括健康的心理、美好的心灵和乐观向上的精神，这些都是现代女性所追求的，也正是现代美学所包含的内容。

（二）现代人体审美视角下的女性内衣

现代人体审美观念给中国女性内衣注入了新鲜活力，它不但给现代内衣设计提供了总的指导方向，而且还提出了相应的设计标准，即现代内衣须具备调节并展现女性优美体形的功能，但又不能损害人体健康，要使女性穿着时达到健康、舒适的状态。因此，现代女性内衣的设计已完全摒弃了二维平面内衣的设计理念，抛却了在心理上、精神上及生理上对人体的束缚，强调以人为本，崇尚科学，重视卫生和舒适。内衣的设计以科学为依据，融入了服装人体工程学的概念，设计中广泛应用人体心理学、人体解剖学、服装材料学、服装卫生学、服装设计学等众多学科门类，在工艺制作中也融入了许多高科技手段。

现代内衣设计主要呈现以下特点：

首先是服装新材料的使用。服装新材料是 20 世纪中后期发展起来的，到 20 世纪 90 年代，服装新材料已层出不穷，许多新型的高科技服装材料开始进入内衣的设计与生产中。最早进入内衣设计的新型材料是莱卡弹力面料，它能使人体穿着内衣时毫无束缚感，使身体自由地舒展和呼吸。这类面料使女性在塑造形体的同时，也能享受健康的呵护，达到美胸的效果。随着弹力面料的使用，弹力网在塑形内衣中也得以使用。弹力网的弹性较强，通过两三层弹力网的重叠使用，可加大塑形的力度，同时能使人体感到自由舒适，无束缚感。随后，形状记忆纤维、大豆蛋白纤维、牛奶丝等新型纤维也开始在内衣中使用。形状记忆纤维可随人体温度自然定型，使罩杯形态保持不变，对人体胸部起到更好的支撑作用，人体胸部也因此看起来更加丰满、挺拔。大豆纤维和牛奶丝富含多种人体所需的氨基酸，贴身穿着能对人体起到润肌养肤和保健的作用。

其次是内衣功能的多样化。内衣发展到今天，已出现了调整型内衣、保健型内衣、运动型内衣、舒适性内衣、智能型内衣等。调整型内衣可以弥补胸部缺陷，达到调整、改善胸部形态的目的，如魔术胸罩内衬水袋，穿戴时可以使胸部轮廓增大，弥补胸部平坦的缺陷，产生丰满的视觉效果；健美型内衣则通过特种纤维的使用使人体达到减肥的目的，从而将塑造优美曲线与保证舒适性完美结合；运动型内衣则能在人体运动时对胸部起到很好的保护作用。

最后是内衣品牌的层出不穷和款式的丰富多样。随着中国女性对内衣重视程度的增加，内衣终于揭去了它神秘的面纱，在新时代大放异彩。内衣企业也如雨后春笋般纷纷出现，内衣品牌也逐渐繁多，令人眼花缭乱。内衣的款式也多到令人目不暇接，有连身型（文胸与腰封、束裤相连）、上下分离型、有肩带型、无肩带型、前扣式、后扣式、全罩杯型、半罩杯型、单层、夹层等。

健与美几乎成了现代内衣的代名词，同时它也与性感紧密联系在一起。内衣虽小，但由于紧贴身体，在裁剪、制作和材料选择方面都比外衣要复杂得多、精细得多，可以说它是成衣设计中的"尖端项目"，因此需要不断地改进和提高设计与裁剪技艺，并配合适当的材料和加工技术。随着高科技在内衣上的应用，内衣产品不断得以开发，内衣文化也日渐丰富，内衣行业呈现出前所未有的朝气蓬勃的发展状态。

四、内衣与人体文化观念的突围

女性内衣作为一种特殊的服饰，经过了数千年的发展和演变，其称谓也发生了巨大变化，按发展顺序分别为亵衣、汗衣、鄙袒、羞袒、心衣、抱腹、帕腹、圆腰、宝袜、诃子、小衫、抹腹、袜肚、袜裙、腰巾、齐裆、肚兜等。内衣的外形和穿着方式在各朝代也有所不同，但总体来说，由于内衣属贴身穿着的服饰，因此在穿着上都具有很强的隐秘性。

封建礼教制度强加给了女性太多的枷锁和规则。《女诫》中提出女子应具备的"四德"有妇德、妇言、妇容、妇功，要求女性"出无冶容，入无废饰"，不可以"窈窕作态"；《孝经·开宗明义》提出"身体发肤，受之父母，不敢毁伤，孝之始也"，所以穿衣应"衣不露肤"；儒家的《礼运》劝诫女性"出必掩面，窥必藏形"，女性必须将自己包裹严实，不得任意展露自己的身体。受儒家礼仪化、等级化思想的影响，服饰穿着须适度、统一，且服饰美倾向于精神层面的欣赏。因此女性服饰历来严谨保守，贴身穿着的内衣更是如此。在着装受到严格的社会等级制度、伦理道德、社会风俗等约束的时代，中国人一向避讳的内衣是不可能堂而皇之地出现在人们的视野中的。

但社会的进步、人们观念的改变及女性社会地位的提高，使人们对女性美的认识在不断发生变化。女性形体美越来越受到重视，健而美成为众多女性的追求，人们对内衣的态度也发生了翻天覆地的变化。西方国家在20世纪20年代发生了女性服饰的变革，即文胸的问世。这一变革不仅体现了人类审美观念的重大变化，也标志着女性在身体上、精神上彻底摆脱了传统习俗的束缚，从传统的桎梏中被解放出来。而中国在20世纪80年代初，伴随着改革开放的发展及中西方文化的交流与融合，以前所未有的姿态迎接新的文化和新的生活方式，这也带来了服装革命性的变化。与此相适应，中国女性内衣也从幕后正大光明地走到台前，呈现在大众面前，并开始与国际接轨。这其中最显著的变化是，与中国古代内衣相比，中国现代内衣形制上发生了翻天覆地的变化：它吸收了西方内衣的立体形态，在结构上表现出三维立体的特征，与女性人体结构更为吻合，也更为科学。因此现代内衣体现出了前所未有的特点，即穿着舒适自由，无束缚感，能稳定人体肌肉和脂肪的位置，保护女性乳房不受到伤害，能表现女性理想的身材曲线。它不仅能让女性身体自由呼吸、健康成长，还能将现代女性的性感与魅力展现得淋漓尽致。现代内衣还体现了艺术与科技的结合，在其设计与开发中，除了考虑审美，还充分考虑了人体工程学的原理，也考虑了地域文化差异及体形差异所带来的影响，这为开发适合不同女性体形和需要的内衣提供了良好的科技背景。这些变化凸显了当今女性对人体美的认知的变化，满足了她们对健康内衣的需求。

随着女性内衣各方面的发展，女性内衣不再是让人羞于启齿的女性用品。人们已经认识到女性内衣美化体形及提高舒适性的功能，对其更加关注和重视。内衣设计的关注点也逐渐转向塑造形体、表达情感、追求个性等。女性将某种情感、对某种事物的喜好都淋漓尽致地表现在贴身穿着的内衣上，温柔精致的蕾丝、缤纷亮丽的色彩、别致大方的款式，充分表达了现代女性对生活的积极态度，展示了女性自身的修养和品位。从女性对内衣穿着态度的转变中也能看出，现代女性越来越重视生活品质，更加懂得爱护自己的身体。女性不再只把眼光放在外衣上，而是也会选择品质优良、设计美观的内衣，以此来衬托自己的外在形象，用以表现自己的社会地位和自强、独立、自信的姿态。

内衣的发展始终跟随着时代和文明发展的脚步，它既是人类文化的表征，也是一定时期社会思潮的映射，反映了一个时代的人文思想及其对女性行为的指引。随着现代国际经济一体化、全球化的飞速发展，多元文化的相互融合及趋同现象也日趋明显，内衣也受到了多种文化的影响和冲击，呈现出多样化的趋势和风貌。在传统与现代、国内与国外的碰撞和交流之下，现代内衣将文化、科技、艺术完美地结合在了一起。

第 七 章

现代内衣：舒适与美的重构

中国内衣经过漫长的历史发展，早已远离了"亵衣"的概念，并已发展成一个独立的服装门类，且种类繁多，用途广泛。尤其是女性内衣，各种款式和功能层出不穷，令人眼花缭乱。现代女性内衣中较常见的有塑形内衣，又称矫形内衣，主要用于支撑和束紧身体，达到调整体形的目的。塑形内衣的出现与现代女性对人体美的追求有着千丝万缕的联系，后者不仅加速了塑形内衣的普及，而且促进了服装科技的发展及塑形内衣功能的完善。塑形内衣包含了文胸、束裤、束腰等不同种类，文胸是其中最常见的品种之一，也是穿着最广泛的内衣。文胸主要用于保护女性胸部，支撑胸部脂肪，防止胸部下垂，以维持胸部的理想形态。在文胸的设计中，文胸的基本结构设计是进行文胸款式造型设计的重要依据，也是实现文胸塑形功能的基础。从文胸塑形功能实现的角度来看，文胸的基本结构设计应以人体结构比例及人体形态为依据，并应重点解决罩杯与女性乳房形态的贴合性问题。因此，文胸中罩杯省的大小及省的位置的确定显得尤为重要。同时，不同罩杯省量的分配处理差异、省的位置差异及文胸其他结构参数的差异都会直接影响到文胸整体的造型，进而影响文胸的塑形功能。

一、适应乳房正姿的文胸结构设计

（一）人体比例

女性对人体美的追求表现在对自身美好的身体曲线的追求上，对于体形不理想的女性来说，可以借助塑形内衣加以调整。文胸的主要作用是通过结构的设计和材料的选用，在作用力的调节下改善女性胸部形态，调整胸部的位置，从而达到保护和塑形的目的。文胸穿着部位的特殊性及文胸结构本身的立体性决定了文胸与人体胸部必须紧密贴合，因此，人体胸部形态及位置比例是文胸结构设计的重要依据。文胸设计必须依据人体美学理论及理想的人体标准，同时兼顾多门学科，如人体解剖学、人体工程学、人体美学、服装材料学等，只有在此基础上设计的文胸才能符合现代人们的审美习惯、穿着喜好及对穿着舒适性的要求。

文胸是服装的一种，通常服装的设计与生产制作是依据国家规定的号型标准来进行的，文胸设计也不例外。服装标准号型的设定除了要进行大量的人体测量及数据统计外，还需要有一定的人体比例标准，主要指头长与身长的比（头身比），这也是确定人体比例的重要指标。目前头身比有两类划分标准，一类是亚洲地区的七头高人体比例标准，另一类是欧洲地区的八头高人体比例标准。由于我国地域辽阔，再加上各地饮食文化差异较大，导致不同地区的人体比例存在很大差异。通常，我国南方地区的人体身高不足七头高，沿海地区更是如此，而北方人人体身高接近八头高。当人体身高达到七个半头高或八头高时，可认为其人体美的程度是最高的，该比例也是最理想的人体比例，被视为标准人体比例。八头高人体比例与七头高人体比例的不同在于八头高人体在腰节以下的范围增加了一个头高，腰节线以上两类人群保持一致，而不是八头高人体在七头高比例的基础上平均增加了一个头高。也就是说八头高与七头高人体的上半身可以被认为是相等的。由于文胸设计所针对的部位主要是人体胸部，因此用适合于亚洲地区的七头高人体比例来描述人体上半身的比例关系更为合适。七头高人群上半身人体比例如图 7-1 所示，该类人群上半身总共由 3 个头高组成，即头顶至下颌、下颌至乳点、乳点至脐下分别为 1 个头高。

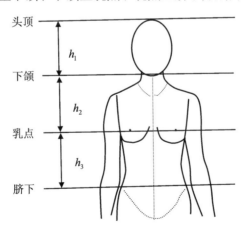

图 7-1　七头高人群上半身女性人体比例

在图 7-1 所示的七头高上半身女性人体比例关系中，头顶至下颌的距离（h_1）、下颌至乳点的距离（h_2）、乳点至脐下的距离（h_3）三者是相等的，若将该距离设为 h，则有如下关系式：

$$h_1 = h_2 = h_3 = h$$

（二）人体上半身各部位比例

1. 人体肩端点的位置

如图 7-2 所示，将下颌至乳点的垂直距离 h_2 均分成三等分，分别为 h_4、h_5、h_6，则存在如下关系式：

$$h_4 = h_5 = h_6 = \frac{1}{3}h_2 = \frac{1}{3}h$$

可以看出，两肩端点正好位于下颌至乳点垂直距离的第一等分线上，亦即两肩端点位于乳点上方 $\frac{2}{3}h$ 的水平位置处。

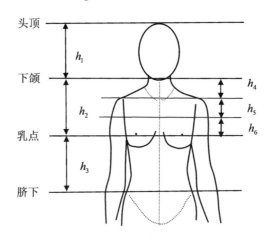

图 7-2　肩端点的位置

2. 两肩点间的距离

图 7-3 显示了两肩端点的距离 W_S，图 7-4 显示了两肩端点与胸部中心 O 点之间形成的三角关系，A、B、O 三点连线正好形成了等腰直角三角形，其中 AB 的长度即为两肩端点的距离 W_S。综合图 7-2、图 7-3、图 7-4，可计算两肩端点的距离 W_S 的值，如下式所示：

$$W_S = 2\ (h_5 + h_6) = \frac{4}{3}h$$

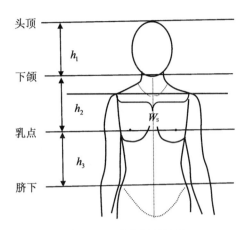

图 7-3　两肩点间的距离

3. 两乳点间的距离

图 7-4 显示了两乳点间的距离 W，在三角形 ABC（C 为脐点）中，可根据相似形原理，获得以下关系式：

$$\frac{W}{W_S} = \frac{h}{\frac{5}{3}h}$$

因此可算得两乳点间的距离 W 为：

$$W = \frac{3}{5}W_S = \frac{4}{5}h$$

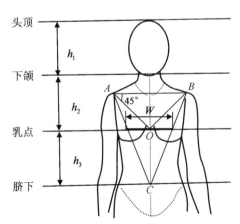

图 7-4　两乳点间的距离

（三）人体乳房形态及胸部比例

1. 乳房形态及其影响因素

人体乳房的主要结构为乳房组织和乳腺。乳腺较坚实，且富有弹性，包覆在脂肪和胸骨之间，乳房内的脂肪连接在胸肌上，使乳房具有较好的上下弹跳感。通常已经发育好的乳房位于第 2 根至第 6 根肋骨之间，后面是胸大肌，但真正支撑乳房的则是皮肤。无论弹性有多么好，在重力的影响下，乳房都会有自然下垂的倾向，但皮肤能起到较好的支撑作用，将乳房支撑在胸脯上。皮肤的弹性是影响乳房平衡的基本因素。皮肤弹性好，则能较好地支撑乳房，维持乳房上下位置的平衡；反之，则乳房下垂较为明显。成年女性乳房由于乳腺发育程度的不同、脂肪组织多少的不同而存在位置和体积的差异，且种族、遗传、年龄等因素也会影响到乳房的形态和位置。

2. 乳房形态的分类

乳房按形态可分为四种，即圆盘型、半球型、圆锥型、下垂型。四种乳房具有不同的形态特征，外观差异也较明显。四种形态的乳房如表 7-1 所示。

表 7-1　乳房形态及特点

乳房类型	外观形态	乳高/cm	特　点
圆盘型		2~3	乳高比乳房根围半径要小。圆盘型乳房乳型不够丰满，形状就像圆盘一样，因此称为圆盘型乳房
半球型		3~6	乳高与乳房根围半径大小相当。半球型乳房状如半球，比圆盘型乳房要丰满，通常被认为是较为理想的乳型
圆锥型		>6	乳高比乳房根围半径要大。其特点为乳房高耸突出，并向外延伸，但在重力的作用下有下垂倾向

续表

乳房类型	外观形态	乳高/cm	特 点
下垂型	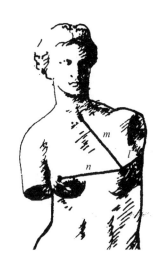	不确定	乳点位置较低，下垂明显

注：表7-1中的乳高是指乳点到乳根部位的垂直高度，也指乳房深度。

3. 女性胸部的黄金分割比

女性胸部形态美观性的主要影响因素是乳房的竖直高度和乳点间距。乳房的竖直高度是指乳点到脚底板的垂直距离。通常，随着年龄的增大，皮肤弹性逐渐减小，乳房下垂也会越来越明显，使乳房高度减小。两乳点间距的大小要合适，否则会显得乳房外开，影响乳房形态的美观。也就是说，乳房下垂、外开是影响乳房形态比例的两个重要方面。通常的看法是，若左右两个乳点和颈窝点的连线能构成等边三角形，则乳点的位置是最标准的，此时女性胸部的比例也是最合适的。

人们通常认为优美的乳房应是饱满的、结实的，体积大小是合适的。乳房美的标准曾经为许多学者争论不休，直至1820年，米罗岛维纳斯雕像的出土，才使乳房美的标准得到了统一的认识，即乳房必须是大小合适且丰满匀称的。维纳斯胸部的形态美一方面表现在乳房的局部形态上，大小合适，匀称饱满；另一方面还表现在乳房与胸部的位置呈现一种理想的黄金比例关系上（图7-5）。

在维纳斯雕像乳房的位置与胸部的结构关系中，这种黄金比例关系表现在锁骨窝至左乳峰之间的距离（m）：两乳点间的距离（n，也即前文的 W）：左乳点到后肩胛骨之间的距离（l）为 4：5：6，即：

图7-5 女性胸部的黄金比例

$$m : n : l = 4 : 5 : 6$$

这正是一种视觉上的最佳比例关系，也体现出维纳斯雕像的胸部整体和局部的完美。

通常意义上人体美的比例关系主要是针对人体头部、躯干部及上、下肢之间的比例而言的。对女性身体而言，各部位比例要均匀，这才是美的根本，脱离了全身比例关系的乳房形态是谈不上美感的。因此，乳房作为评价女性体形美的一个重要组成部分，必须要受到全身比例关系的约束，不能任意更改其位置比例关系。

因此可以说，乳房在女性身体上的位置对女性体形美有着重要的影响，乳房下垂、乳点间距过大都会影响乳房在人体上的位置，从而影响人体整体美。因此，通常状态下女性要通过穿着合适的文胸使体形接近或保持理想的比例关系。

（四）文胸号型

目前国内文胸的号型主要是采用日本的标注方法，即以下胸围为依据制定文胸号型。通常的表达方式为以下胸围表达文胸的号，并根据胸围与下胸围的差值来划分不同的杯型，以字母 A、B、C、D 等来表达文胸罩杯杯型的大小，且从 A 到 D 杯型逐渐增大。其中号的容许差为±2.5 cm，相邻两号之间以 5 cm 分档，各型之间则以 2.5 cm 分档。

这里要说明的是，不同的生产厂家对文胸号型的标注是存在一定的差异的，但总体来说，A 杯和 D 杯之间的尺寸是基本一致的。不过，文胸的配置只是在一定程度上从数值上反映了胸围与下胸围差值的大小，并没有反映出女性胸部形态的差别。另外，不同的国家对文胸号型的标注方法也是不同的，如美国、英国以英寸制来确定文胸的号，如 32 号、34 号、36 号等，它是在下胸围尺寸（以英寸为单位）的基础上加上 4~5 英寸而形成的，罩杯的大小则以胸围的大小（英寸）减去文胸的号而形成 A、B、C、D 等，如胸围为 36 英寸，文胸的号为 34，二者差值为 2 英寸，则对应 B 罩杯，文胸号型则为 34B，依此类推。

在我国，由于南北地域差异及饮食文化等方面的不同，人体体形也存在一定的差异，因此，不同地区的人们所穿文胸的号型是不一致的。所以说文胸的设计应针对不同地域的女性而进行。

文胸的部分号型如表 7-2 所示。

表7-2 文胸号型

下胸围/cm	胸围/cm	号型（日本、中国）	号型（美国）
68~72	80~82	70A	32A
	84~86	70B	32B
	86~88	70C	32C
	88~90	70D	32D
73~77	85~87	75A	34A
	89~91	75B	34B
	91~93	75C	34C
	93~95	75D	34D
78~82	90~92	80A	36A
	94~96	80B	36B
	96~98	80C	36C
	98~100	80D	36D

二、文胸结构设计依据

文胸是紧密贴合人体穿着的服装，其结构形态与人体胸部形态应高度一致，因此文胸的结构参数与人体胸部形态尺寸是紧密相关的。人体胸部形态尺寸是设定文胸结构参数的重要依据。

（一）人体胸部比例对文胸结构设计的影响

图 7-3、图 7-4 显示了标准人体的胸部比例。从前面的计算可知，两乳点间距为 $\frac{4}{5}h$，两肩端点的距离为 $\frac{4}{3}h$，因此可以得出，对标准女性人体来说，乳点间距与肩宽的比值为 $\frac{3}{5}$，这是胸部宽度上的比例关系。胸点位于整个人体高度的 $\frac{5}{7}$ 处，这是胸点高度上的比例关系。图 7-5 显示的是维纳斯雕像胸部的黄金分割比例，这种黄金分割比例不仅存在宽度上的比例关系，还存在宽度与长度的比例关系，这是理想状态的人体胸部比例。

在实际生活中，由于地理位置、环境、饮食等多方面条件的影响，人体胸部形态是各不相同的，且大部分人体形态与标准形态之间存在一定的差异。有资料显示，西部地区女大学生胸围平均值为 84.9 cm，比国家标准中间体 160/84A 的胸围稍大，而南方地区女大学生胸围平均值为 80.2 cm，比国家标准中间体的胸围要小。这是两个不同地区同一年龄段女性在胸围上的差异。文胸的功能在于美化人体体形，因此，这种与标准体形之间的差异可以借助文胸进行调节和弥补。在设计文胸结构时，要针对不同的女性人群，结构参数须尽量朝着标准人体胸部比例靠近或向人体胸部的黄金分割比例靠近。

在具体进行文胸结构设计时，为人体测量及设计方便性考虑，通常会将所参照的比例参数设定为三个比值，即乳点高与身高的比值、乳点间距与胸宽的比值、胸厚与腰厚的比值，这三个比例参数分别从胸部高度、胸部宽度及胸部围度上对文胸的设计进行了限定，且与这三个比例参数有直接关系的人体胸部形态参数为乳点高和乳点间距。因此，在进行文胸结构设计时，通常会考虑这两个直接参数的影响。以 75B 文胸为例，通常，其乳点间距标准值为 17.7 cm。与乳点间距紧密相关的特征参数为乳根距，又称心位宽（图7-6）。设计心位宽时一般不考虑号型的大小，通常设定其值为 1.5~2 cm。

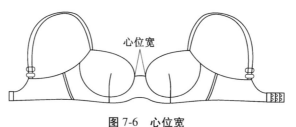

图7-6　心位宽

（二）胸部形态对罩杯结构设计的影响

从有关乳房形态分类的描述中可以知道，人体乳房形态有四种，且四种形态的乳房在乳房高度、乳房围度、丰满度及下垂度等方面是各不相同的，这导致了四种乳房形态以乳点为中心，在相同方向、相同部位的表面弧线形态和曲率是有很大差异的。这种情况的直接结果为文胸结构设计中乳房四周浮余量的大小差异，即胸部省量存在差异。这种差异不仅表现在不同形态的乳房在胸部省量上的差异，还表现在即使有同样大小的胸部省量，但乳房四周部位省量的分布各不相同。因此可以说，胸部形态的不同直接影响到胸部省量的大小及乳点周围各处省量的分配，而胸部省量的大小及省的位置的不同对罩杯的造型有直接影响。据此，在进行文胸结构设计时，不能完全依据所设定的有关参数来确定文胸的结构参数，还要依据具体的胸部省量来确定文胸的细部参数。

三、文胸罩杯结构设计

（一）文胸罩杯结构设计原则

为了达到美化体形的目的，文胸罩杯结构设计应针对不同的乳房形态及人体比例进行。依据前述人体四种乳房形态及乳房的黄金分割比例，文胸罩杯设计应遵循下述设计原则。

1. 针对圆盘型乳房的罩杯结构设计

圆盘型乳房的乳点至乳根的垂直距离比较小，乳房不够丰满挺拔，因此罩杯结构设计要以增加乳点的垂直高度为主，同时要增加乳点到后肩胛骨的距离，使胸部各部位比例向黄金分割比例靠近。

2. 针对半球型乳房的罩杯结构设计

半球型乳房形态通常被认为是较为理想的形态，但由于受重力作用的影响，乳点仍然有下降的趋势。此时颈窝点到乳点的距离会有所增大，因此罩杯的设计应尽量保证能抬高胸部，减小颈窝点到乳点的距离。

3. 针对圆锥型乳房的罩杯结构设计

该类乳房外形高耸，形态丰满，在重力作用下乳房下垂很明显，颈窝点到乳点的距离较大，同时这种乳房外开倾向也较明显，两乳点间的距离较大，因此罩杯结构设计应做到一方面能抬高胸部，以减少颈窝点到乳点的距离，另一方面还要能收拢胸部，缩小两乳点间的距离，使胸部在横向及纵向的比例接近黄金比。

4. 针对下垂型乳房的罩杯结构设计

该类型乳房下垂较明显，因此颈窝点到乳点的距离较大，且乳房不够丰满，乳房也呈现一定的外开趋势，因此，罩杯的设计应重在抬高胸部，同时还需要适当收拢胸部，转移腋下脂肪至胸部，使胸部呈现协调的比例及丰满度。

（二）罩杯中省的位置

文胸结构的设计重点在于罩杯结构设计。罩杯结构除了要求在形态上要与女性的乳房形态相吻合外，在数值上也应与女性乳房的细部尺寸保持一致。不过为了人体穿着的舒适性，通常罩杯的尺寸会比人体胸部尺寸稍大一些，或与人体胸部尺寸相一致，否则文胸会挤压人体胸部，造成胸部的不适，影响穿着舒适性。因此，罩杯结构设计要重点考虑省的位置及省量的分配、转移，以保证罩杯形态与人体胸部形态的吻合性、罩杯塑形功能的实现及人体穿着的舒适性。

文胸基础纸样中的省通常包含三种，即胸省、乳沟省和腰省。根据罩杯造型的需要可以进行省道的转移，即在不同的地方设置省和分配不同大小的省量，且省的个数决定了罩杯分割的片数，如一片式、二片式、三片式罩杯。根据胸省转移的原理，当罩杯中有分割线时，可将所有省量转移到罩杯的分割线中去，而不再在其他地方另外收省。文胸与其他服装不同，它是高度贴体的紧身服，因此，分割线的位置应尽量经过或者靠近乳点，并应在紧身原型的基础上进行定位。

在影响胸部形态美观性的所有因素中，乳点到乳根的垂直距离及两乳点间距是两个重要的影响因素。在罩杯结构设计中，胸部省量是重要的设计参数，但由于人体胸部形态及胸部高度不同，胸部弧线形态也各不相同，因此，胸部省量大小也存在差异。一般情况下胸部丰满的女性胸部省量较大，与之相反，胸部比较瘦小的女性胸部省量则相应较小。因此，罩杯省量的大小与胸部的丰满程度是有直接关系的。

为了获得罩杯省量的值，可以75B文胸号型为例，对75B文胸所对应的标准人台进行相关数据的测量。该标准人台为文胸设计专用人台，同普通的人台相比，该专用人台的乳房大小与真实人体很相似，只是在乳房形态及乳房位置比例上更为美观和标准，即胸部处于经过抬高和收拢处理后达到的理想状态，因此视觉效果更好，不需要再对人台胸部进行补正。

（三）罩杯省量的确定

1. 罩杯省量

文胸属于高度贴体的服装，罩杯部分必须与胸部的结构及形态保持一致，以塑造胸部美好的曲线形态。这样一来，衣身原型中以乳点为中心，到肩端点、颈窝点、侧颈点等部位会存在浮余量，且在两乳点之间也会存在空隙量，因此应对乳点周围的浮余量进行收省处理。通常状态下，收省的部位主要以肩端点、袖窿线、直线型公主线、两乳点之间、领窝线这几处为主。

上述以乳点为中心所出现的浮余量的大小可以通过两种方式获得，一是可以通过立体裁剪的方式将胸部浮余量收掉，然后确定其量值的大小。但立体裁剪对技术和经验的要求较高，准确度容易受到影响。二是可直接在人台或人体上量取，并经过计算获得，即采用直接测量法，该方法较为简单和直观。考虑到方便性，这里采用直接测量法，利用75B文胸所对应的人台来进行省量的测量。

首先，以乳点为圆心，以75B号型文胸下罩杯长（7.4 cm）为半径画圆，并在所设定的需要收省的部位做好标志线。

其次，用一把直尺连接乳点与人台上公主线与腰线的交点，再用另一把直尺与刚才的直尺垂直相交进行测量（图 7-7），在凹陷量最大的地方测出凹陷的量值，所得尺寸即为该位置应收省量的大小。两乳点间的省量是指两乳中间最大凹陷量的测量值，因此可以用类似的方法进行测量。

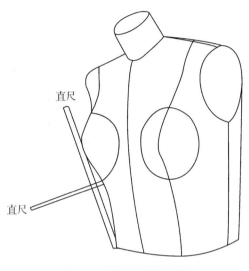

图 7-7　罩杯省量的测量

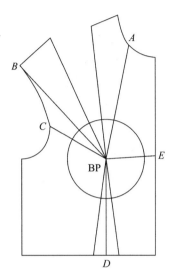

图 7-8　省道位置

最后，根据上述测量方法，依次可测出图 7-8 衣身原型中 *A*、*B*、*C*、*D*、*E* 五个部位的省量。图中 BP 点为乳点。测得各省量的值如表 7-3 所示。

表 7-3　所测各位置省道省量值

	A	*B*	*C*	*D*	*E*
省量值/cm	0.55	1.32	0.42	0.96	2.56

将所测各省量相加，并加上 75B 人台的胸腰差值，得总量为 11.06 cm，转化为角度，可通过如下公式进行计算：

$$D_1 = (D_2/2\pi R) \times 360°$$

式中：D_1——75B 人台胸部总省角度；

D_2——75B 人台胸部总省量值。

经计算可得，75B 人台胸部总省角度为 85°。

这里需要说明的是，省量既可用角度来表示，也可用长度来表示，且二者可以相互转化。

2. 胸、背部浮余量的处理

从理论上讲，在总省量保持不变的前提下，省的位置越分散，收省的个数越多，形成的乳房形态越圆润美观，设计的服装与人体形态也越吻合，但在实际制作时，若省的位置过于分散，一方面会增大纸样设计与制作的复杂性，另一方面也会增加服装中分割线的数量，影响服装整体的美观性。因此，在纸样设计中，通常对部分省进行合并，在不影响外观造型的前提下尽量减少收省的个数，以利于纸样的制作与款式的变化设计。与此相适应，在文胸罩杯结构设计中也可进行相应的处理，即可将 A、B、C 三处的省合并至肩部中间处，形成一个胸省（图7-9），D 处与 E 处的省分别保留，形成腰省和乳沟省。同时，在后身，由于肩胛骨的凸起，在肩胛骨凸点的周围也会有空隙存在，因此在原型中也需要对其做相应的处理，可将后腰省的省尖点抬高到背宽线上，这样可满足文胸在胸部进行纸样设计的需求（图7-10）。

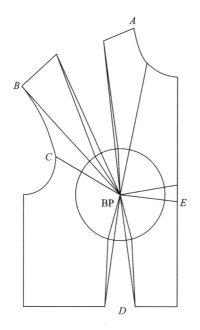

图7-9 胸部浮余量的处理

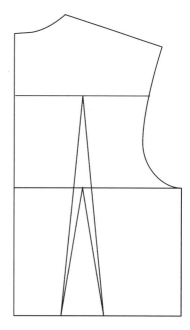

图7-10 背部浮余量的处理

经过省的处理后，可以看出，在文胸罩杯的基础纸样中，存在三个省，即 A、B、C 三处的省合并成的胸省，D 处的腰省和 E 处的乳沟省，这三个省分别预留在了纸样中。不过为了罩杯制作的需要，可将 A、B、C 三处合并后的胸省转移至与乳沟省同一水平线的位置。如图 7-11 所示，圆形表示在人台中以下罩杯长为半径所画的圆，圆心即为 BP 点，β_1、β_2、β_3 分别代表乳沟省、胸省和腰省。根据表 7-3 各省量的测量值，可计算得到三个基本省的角度分别如下：β_1（乳沟省）= 20°，β_2（胸省）= 18°，β_3（腰省）= 47°（含胸腰差）。此即显示了文胸基本纸样中罩杯的三个基本省量的大小及位置。

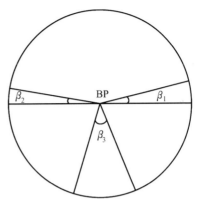

图 7-11　文胸罩杯省的大小及位置

根据省的转移原理，图 7-11 所示的三个省（胸省、腰省和乳沟省）可采取切展、合并的方法分别进行转移或重新分配，但纸样中总省量的大小不会改变。

因此，依据省量的分配原理进行文胸结构设计，对文胸与人体胸部的适应性来说，是更为有利的方式。本书中对文胸的设计是以胸部总省量为重要的参考依据，通过改变省的位置及省量的大小来改变文胸的造型，实现文胸的塑形功能，使设计的文胸更为科学合理并符合服装人体工学。

（四）文胸罩杯省量的分配设计

在文胸结构设计中，罩杯的片数与罩杯收省的个数紧密相关。对于同一个体或穿着同一号型文胸的女性群体来说，通常胸部省量不发生变化，即胸部省量大小固定不变，因此，从理论上来讲，针对某一胸部形态的人群，在保持胸部省量不变的前提下，文胸罩杯总省量可根据罩杯造型的需要进行不同形式的分配处理，形成不同片数的罩杯。如果在罩杯纸样上设置横向分割线或纵向分割线，或者既设置横向分割线又设置纵向分割线，并通过纸样的剪切、旋转、合并等形式进行罩杯省量的转移及变化，就可得到不同片数、不同造型的罩杯，从而获得不同造型结构的文胸。文胸罩杯根据片数分通常有一片式、二片式、三片式三种。三种不同片数的罩杯省量分配说明如表 7-4 所示。

表 7-4 文胸罩杯省量的配置

罩杯片数	罩杯编号	分配方式
一片式	1	省量集中在乳沟省，其他地方不收，$\beta_1 = 85°$（图 7-12a）
	2	省量集中在胸省，其他地方不收，$\beta_2 = 85°$（图 7-12b）
	3	省量集中在腰省，其他地方不收，$\beta_3 = 85°$（图 7-12c）
二片式	4	将 β_3 二等分，并分别转移至 β_1 和 β_2 中，$\beta_1 = 44°$，$\beta_2 = 41°$（图 7-12d）
	5	将 β_3 全部转移至 β_1，此时 $\beta_1 = 67°$，$\beta_2 = 18°$（图 7-12e）
三片式	6	$\beta_1 = 20°$，$\beta_2 = 18°$，$\beta_3 = 47°$（图 7-12f）
	7	β_1 不变，将 β_3 部分转移至 β_2，使 $\beta_2 = 30°$，$\beta_3 = 35°$（图 7-12g）
	8	β_3 不变，将 β_2 部分转移到 β_1，使 $\beta_1 = 25°$，$\beta_2 = 13°$（图 7-12h）
	9	β_1，β_2 均增加，β_3 减小，使 $\beta_1 = \beta_2 = 30°$，$\beta_3 = 25°$（图 7-12i）

　　表 7-4 显示的文胸罩杯省量的分配方案是从省的转移原理的角度上加以考虑的，也是一种理论意义上的分配形式。只要其中一个省量发生变化，罩杯的结构便会发生一定形式的改变，因此，从这一点来说，还可以获得更多省量的分配组合形式，且不管是哪种分配组合形式，在文胸的实际设计与制作中都是可行的。但到底哪种分配组合形式最能体现文胸的塑形效果，且又具备穿着舒适性，则需要通过进一步设计、样衣制作、试穿、穿着效果测量与反馈、修正等一系列过程才能体现出来。

　　图 7-12 中(a)~(i)为针对表 7-4 进行的省量分配方式所作的罩杯省量示意图，较直观地体现了文胸罩杯省量的配置关系。该分配是以 75B 标准人台的胸部省量为依据进行的。其中圆形代表罩杯平面示意图，是以 BP 点（即乳点）为圆心，以下罩杯长 7.4 cm 为半径所画的圆。

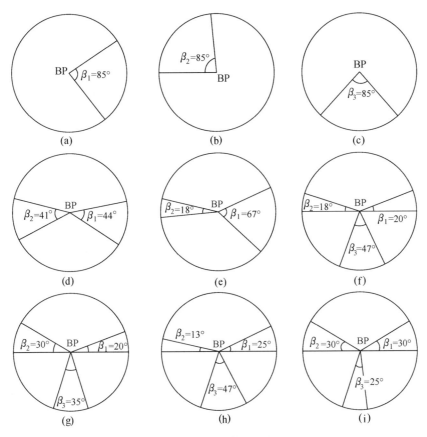

图 7-12 罩杯省量分配

（五）文胸基础纸样的设计

1. 原型的选择

文胸原型是以女上装原型为基础，通过省量的变化及相关部位的变化而获得的紧身原型，它是进行文胸基本结构设计的基础。女上装原型有多种形式，不同形式的主要差别在于对衣身浮余量的处理。若将浮余量在胸围线以上部位收取，则形成箱式原型；若将浮余量全部下放到腰围线以下部位，则形成梯形原型。不管选择哪种原型作为制作紧身原型的依据，都必须满足文胸基础纸样的需要。

目前国际上较通用的女装原型有美式女装纸样、英式女装纸样以及日本文化式原型。对中国女性来说，其体型与日本女性较为接近，因此日本文化式原型在国内已被普遍采用。这里主要采用新文化式原型来进行文胸基础纸样的设计。

需要说明的是，针对文胸专有的号型规格设计，这里选用 75B 文胸所对应的胸围 88 cm（以 B 表示）、背长 39 cm 以及腰围 68 cm 的尺寸来进行新原型的制作，新文化（式）原型制图如图 7-13 所示，图中 BL 为胸围线，WL 为腰围线。

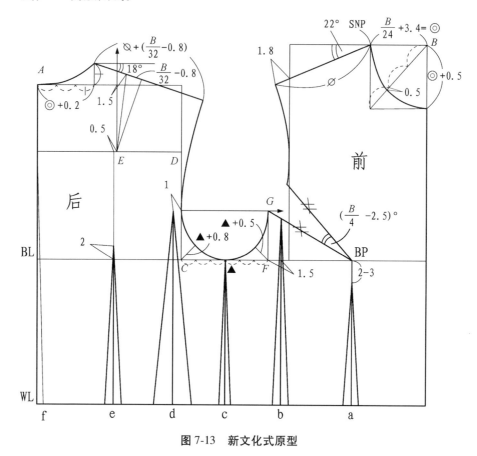

图 7-13　新文化式原型

2. 原型胸省及腰省的变化处理

在新文化式原型中，胸部的浮余量全部放在袖窿线上，原型前片出现的是箱型的形态，因此在人台上进行制作时，前后腰围线在同一水平线上，胸围线与人体胸围线也处于同一水平线上，以此来设计文胸的基础纸样，可以使 BP 点保持在正确的位置。但在该原型中，由于胸省位于袖窿线处，与前述罩杯中胸省的位置有所不同，因此可以通过胸省的转移原理对此原型稍做处理，使胸省转移到公主线的位置，与罩杯胸省位置保持一致。同时，由于腰省分散在腰线的不同部位，根据罩杯中腰省的需要，可以将分散的腰省合并到一个腰省上。具体做法为：在肩线处找一点对准 BP 点剪开，将原型中原有的位于袖窿处的胸省全部转移到肩部的剪开线上，同时合并分散的腰省，使省中心线竖直对准 BP 点，这样经过胸省转移及腰省合并后的前片变成了如图 7-14 所示的形式。

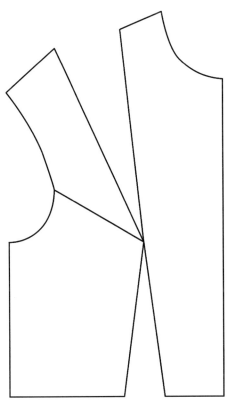

图 7-14　原型纸样的变化

经过胸省转移及腰省合并后的原型，还需要对胸部和腰部尺寸做适当处理。在新原型纸样设计时，因考虑到人体自然呼吸等基本生理活动量，在胸围处加放了 12 cm 的放松量，但文胸属于紧身贴体的服装，与人体之间不应存在空隙量，因此应将所加放的放松量去掉，如图 7-15 所示，在胸围线侧缝处，前后片共收掉 6 cm，并将胸腰差量也全部收掉而成为紧身原型。

再对胸点周围的浮余量进行收省处理，便可得到进行文胸基础纸样设计所需要的紧身原型（图 7-16）。

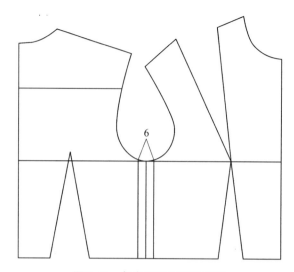

图 7-15 紧身原型腰省的处理

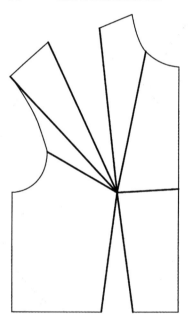

图 7-16 紧身原型胸省的处理

3. 文胸基础纸样的制作

文胸基础纸样的设计与制作需要文胸相应的控制部位尺寸。文胸各号型主要的控制部位尺寸及档差如表 7-5 所示。

表 7-5　文胸主要控制部位尺寸

单位：cm

控制部位	杯型	70	75	80	档差
下罩杯长	A	6.5	6.9	7.3	0.4
	B	6.9	7.4	7.9	0.5
	C	7.3	7.9	8.5	0.6
全杯减心位	A	14.6	15.6	16.6	1.0
	B	15.4	16.6	17.8	1.2
	C	16.2	17.6	19.0	1.4
乳点至中心位减心位	A	7.1	7.6	8.1	0.5
	B	7.5	8.1	8.7	0.6
	C	7.9	8.6	9.3	0.7
乳点至胸外缘	A	7.5	8.0	8.5	0.5
	B	7.9	8.5	9.1	0.6
	C	8.3	9.0	9.7	0.7
两乳点间距	A	16.2	17.0	17.9	不固定
	B	16.7	17.7	18.8	不固定
	C	17.2	18.4	19.7	不固定
钢圈通过乳点的间距	A	11.2	11.8	12.4	0.6
	B	11.7	12.3	12.9	0.6
	C	12.2	12.8	13.4	0.6

　　文胸基础纸样的结构线只是一种简单的线条，它是在紧身原型的基础上依据文胸的有关尺寸及省量分布作出来的，是文胸造型设计和文胸最终纸样设计的基础。文胸基础纸样的设计如图 7-17 所示。

　　文胸基础纸样的设计与制作步骤如下：

　　① 在已处理好的紧身原型上，以 BP（即乳点）为圆心、以 75B 文胸的下罩杯长 7.4 cm 为半径作圆，作为乳房的基本轮廓线的依据，并在所作圆上确定好文胸的乳沟省、胸省和腰省的位置，以此为基础，来确定文胸结构线的位置。

　　② 紧身原型的前中心线在文胸鸡心的中心线的位置，此中心线将文胸鸡心分为左右对等的两部分。鸡心的上端位置（即心位高）通常以胸围线

与前中心线的交点作为基准点来确定，但考虑到若该点位置偏低，在其与罩杯上部乳圆上的点相连后，会导致罩杯上缘线偏低，从而影响到罩杯杯型的设计，因此，实际操作时，可将胸围线与前中心线的交点位置适当抬高，作为各种款式文胸进行结构设计的依据。

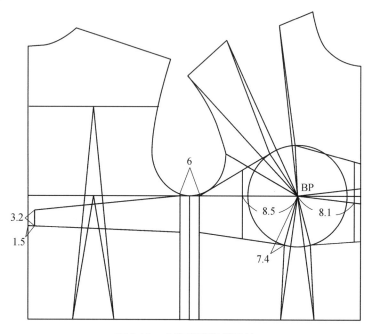

图 7-17　文胸基础纸样设计

③ 紧身原型的侧缝线是文胸进行侧片设计的重要依据。此处既可作为文胸的结构线，也可作为文胸侧片（又称比）造型设计的依据。但要注意的是，为了保证人体手臂处的活动舒适性，文胸侧片的最上沿点通常位于紧身原型的袖窿深线上或稍偏下的位置。紧身原型的袖窿深线即胸围线的位置，为方便起见，可将此点直接定位于胸围线上，在进行具体款式设计时可以此为依据进行调节。需要强调的是，新文化式原型的半胸围线上由于加放了 6 cm 的放松量，而文胸需要紧密贴合人体，因此在进行文胸结构设计时，在侧缝处应将放松量去掉，以使文胸的胸围与人体胸围保持一致。

④ 紧身原型的后中线是文胸后侧片（即后比）在后背中心处的设计依据线。一般情况下，后侧片在后背中心处的高度与文胸后背处背钩的规格有关。通常情况下，文胸常见的背钩高度为 3.2 cm，因此这里以 3.2 cm 作为文胸后侧片在后背中心处的高度，并以此作为后侧片上沿结构线位置

的依据，在进行具体款式设计时可根据需要进行调节。

⑤ 在步骤④中确定了文胸后侧片在后背中心处的高度及位置，通常，文胸在后背中心处会以后钩扣来连接文胸的左右两个后侧片，以实现文胸穿着的方便性及美观性。因此文胸后侧片在后背处的具体位置还需要根据文胸扣钩的宽度来进一步确定。由于文胸经常采用的扣钩的宽度为 3 cm，因此可将紧身原型的后中心线向侧缝线的方向缩短扣钩宽度的一半（即1.5 cm），以进一步确定文胸后侧片在后背中心线处的位置。

⑥ 文胸罩杯基本结构线的确定是文胸基础纸样设计的一个重要部分。通常情况下罩杯部分是以乳房轮廓为基础做出来的。在步骤①中已进行说明，乳房轮廓线是以 BP 为圆心、以下罩杯长（即 BP 点到胸下缘的尺寸）为半径所画出的圆。由于乳房形态并不是规则的圆形，因此还需要一些具体的细部尺寸来帮助完成设计。在文胸的结构设计中，细部尺寸除了下罩杯长外，还包含了乳点到中心位减心位及乳点到胸外缘这两个主要控制部位。从表 7-5 中可以看出，75B 文胸中，乳点到胸外缘取值为 8.5 cm、乳点到中心位减心位取值为 8.1 cm。因此，以这两个尺寸为依据，先以 BP 点为基准点，分别沿胸围线向前中心线取值 8.1 cm，以确定胸内缘点，再向侧缝部位量取 8.5 cm，以确定胸外缘点，最后过该两点分别做胸围线的垂直线，连接步骤①至步骤⑤中获得的各点，即可获得文胸罩杯的基本结构线，如图 7-17 所示。

将文胸的基本结构线制作完成后，再将后腰省、侧缝省、乳沟省合并，即可获得文胸基础纸样（图 7-18），该纸样可作为各种款式文胸设计的基础。

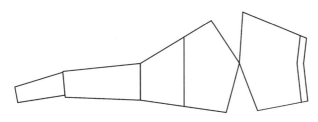

图 7-18　文胸基础纸样

（六）罩杯基础纸样的形成

设计师在进行文胸基础纸样设计时，会对文胸的罩杯部分也进行设计，但此时获得的罩杯形态只是一个由简单的直线段连接而成的基本轮廓，无法表现出乳房的轮廓及圆顺的弧线形态，因此还需要根据乳房形态及具体的尺寸定出罩杯的轮廓线，以满足文胸整体设计的需要。

通常，为了让文胸起到支撑乳房的作用，罩杯的下半部分需要与乳房下部紧密贴合在一起，因此可以依据乳房根围弧线及乳房轮廓线在文胸基础纸样上进行罩杯下部的形态结构设计。具体的形态尺寸可在人台或人体上进行测量。

在文胸基础结构形态上，分别连接 A 点与乳点 BP，B 点与乳点 BP，将人台上实际测量的结果对应到罩杯结构线相对应的位置，如图 7-19（a）所示。根据实验测得的数值，在罩杯基础结构线上，沿 A-BP 线段、D-BP 线段分别取 C、D 两点，使 C 点至 A 点的距离为 2.3 cm，D 点至 B 点的距离 2.6 cm，再分别过 C 点、D 点及胸下缘点画顺图中所示圆弧线，且圆弧线均与胸部下缘相切，所得弧线即为罩杯下部的结构弧线，形成罩杯基础纸样，如图 7-19（b）所示。

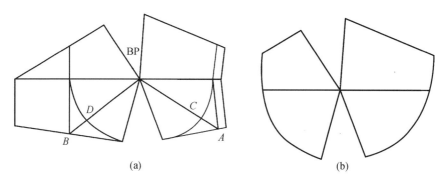

(a)   (b)

图 7-19　罩杯基础纸样的形成

四、罩杯纸样设计

罩杯设计是文胸设计中的重要部分。在罩杯省量确定的基础上，根据省的转移原理，可以通过不同形式的分割、合并，甚至是抽褶的形式来设计出不同的款式造型。分割线的设计在文胸罩杯设计中是比较常用的一种方式，形式也较简单，主要是依靠省的转移与合并而形成的。考虑到罩杯需要与人体乳房形态相吻合，因此分割线的设计要经过 BP 点或接近 BP 点。从原理上来讲，分割线可以在罩杯的任意方向和位置进行设计，但依据人们的经验，水平的或对角的分割线设计能对胸部起到更好的支撑作用，因此这两种分割方法较为常见。

罩杯在水平方向进行分割时，通常在罩杯基础纸样上合并上部的胸省，将省量转移至横向分割线中，并将其分为上下两个部分。然后适当合并部分基础罩杯纸样下部的腰省，转移至横向分割线，形成三片式的结构。也可以直接形成两片式和一片式的结构。

罩杯在进行分割线的处理后，应考虑到人体乳房表面的圆润形态，因此应依照乳房表面的曲线形态对罩杯进行分割线的修正处理，即将罩杯的分割线修顺成圆弧形态，否则，形成的罩杯形态生硬，且不符合人体乳房形态。在进行具体修正时，由于 BP 点附近的乳房表面曲线曲率较大，因此在修正时也应将该部位相应地修顺成较为弯曲的弧线。对乳房下部而言，由于重力的作用，乳房下部的弧线形态也较明显，因此，罩杯下部的曲线也相应地须修得弯曲一些。

另外，在将罩杯分割线修顺成圆弧线后，应该结合罩杯整体的结构线，将所修正的弧线形的分割线与罩杯整体的结构线顺接起来，以保证各省合并后罩杯整体的圆顺形态。

（一）罩杯类型

1. 罩杯款式

文胸罩杯通常有三种款式，即全罩杯型、1/2 罩杯型和 3/4 罩杯型，三种款式如图 7-20 所示。

全杯型的罩杯一般都较大，罩杯也较深，鸡心位置的设计也较高，侧片及底边都比较宽大。此种杯型能将乳房全部包覆在罩杯里面，因此穿着时有较好的稳定性，且对胸部能产生较好的支撑、提升和聚拢作用。全杯型的罩杯比较适合于胸部丰满的女性穿着。

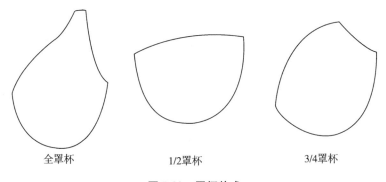

全罩杯　　　　　　　1/2罩杯　　　　　　　3/4罩杯

图 7-20　罩杯款式

1/2 杯型的罩杯外观上看起来只有全罩杯的一半，与全杯型的罩杯相比，它保留了全罩杯下方的罩杯支托部分，能较好地提升胸部，使胸部丰满挺拔。此种杯型适合于胸部较小的女性穿着。

3/4 杯型的罩杯是介于全罩杯和 1/2 罩杯之间的杯型。在结构设计时，通常在罩杯中采用斜向的分割线，这样的分割形式再结合钢圈的作用，能对乳房产生强有力的上托作用，并且该款式对两乳房的收拢作用也较好，因此这种杯型适合胸部不够丰满的女性穿着。

2. 罩杯造型

罩杯从造型上可以分为三种，即一片式罩杯、二片式罩杯和三片式罩杯，其中二片式罩杯又可分为上下式和左右式两种。图 7-21 显示了三种不同造型罩杯的四种形式。

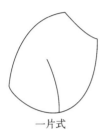   

一片式　　　　二片式（上下式）　　　二片式（左右式）　　　三片式

图 7-21　罩杯造型

一片式罩杯在进行结构设计时，会将罩杯中所有的省量都转移到同一个省上，通常是罩杯的腰省，其他部位的胸省和乳沟省则全部合并。因此，在一片式罩杯中通常可以看到罩杯的下部有一条到达 BP 点的分割线。当然，有些一片式罩杯因为罩杯塑形工艺的不同，会出现没有分割线的罩杯模型。一片式罩杯对胸部的提升和收拢作用较一般，因此适合胸型较小者穿着。另外，由于其外观基本显现不出分割线的痕迹，因此也比较适合夏天衣服较为单薄时穿着，不会对外衣的外观效果产生影响。

二片式罩杯在进行结构设计时，通常会出现横向的、斜向的或竖直方向的分割线，从而将罩杯分成左右或上下两部分。二片式文胸能有效地抬高胸部，调整乳高点的位置，但由于侧面下沿呈直线形态，会使其立体形态不够饱满。

三片式罩杯则是在上下二片式罩杯的基础上，依据省道转移的原理，将下面部分分割成左右两部分，而成为上面一片、下面两片的三片式罩杯。此种形式的罩杯立体形态较为明显，且能有效地提升和收拢胸部，使胸部看起来更加丰满，从而较好地塑造胸部形态。

（二）不同罩杯纸样的形成

1. 一片式罩杯纸样

一片式罩杯文胸如图 7-22 所示。此款罩杯在结构特征上呈现出只有下部有单褶式的分割线的形式，并且有钢圈、普通鸡心和下扒。因此在进行纸样设计时，可将胸省和乳沟省合并，全部转移至腰省处，再将分割线修圆顺即可，如图 7-23 所示。

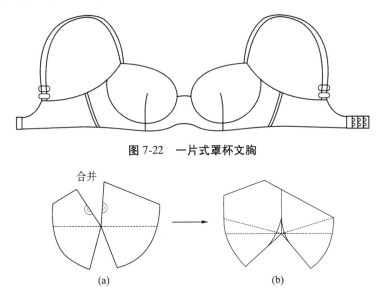

图 7-22　一片式罩杯文胸

图 7-23　一片式罩杯纸样变化

　　将一片式罩杯纸样变换好后，将罩杯上部合并的线条部分及下部的开口线连起来并修顺成圆弧状，然后画出罩杯的外轮廓线，即得一片式罩杯的纸样，如图 7-24 所示。形成的罩杯纸样在下部的分割线处将省缝合关闭后，即可形成立体的罩杯形态。

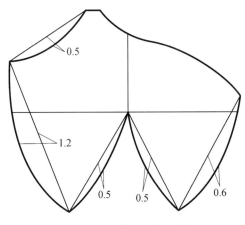

图 7-24　一片式罩杯纸样

2. 二片式罩杯纸样

二片式罩杯文胸如图 7-25 所示。

图 7-25　二片式罩杯文胸

此款罩杯文胸在结构上有如下特点：罩杯呈现上下两片横向分割的形式，且同样有钢圈、普通鸡心和下扒。

从图 7-25 中可以看出，此款文胸罩杯除了横向的分割线外，并没有纵向的分割线。因此在基础纸样上进行罩杯的结构设计时，可先作一条横向的分割线，然后将罩杯上部的胸省合并，转移至横向分割线，同时将罩杯下部的腰省全部合并，也转移至横向的分割线。

将所有的省量转移完成后，再进行线条的修正，即修顺横向分割线，同时将上部胸省合并及下部腰省合并时造成的尖角修圆顺，以使罩杯缝合后呈现饱满圆润的形态。

二片式罩杯的结构设计如图 7-26 所示。

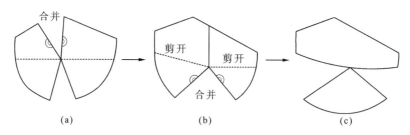

图 7-26　二片式罩杯纸样变化

同样在纸样变换的基础上画出罩杯的轮廓线，即画出罩杯的上缘弧线及罩杯在钢圈处的圆弧线，以保证其与钢圈形态的吻合及与人体乳房表面形态的吻合。所得二片式罩杯的纸样形态如图 7-27 所示。

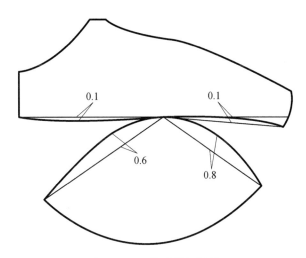

图 7-27 二片式罩杯纸样

3. 三片式罩杯纸样

三片式罩杯文胸如图 7-28 所示。

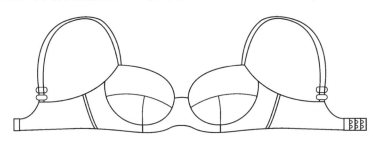

图 7-28 三片式罩杯文胸

从图 7-28 中可以看出，此款三片式罩杯结构有横向和纵向的分割线，呈现出"T"字型破骨三片式结构，同时也有钢圈、普通鸡心和下扒。

进一步观察可以看出"T"字型破骨分割线的位置，即罩杯的中间有一条横向的分割线，而上半部分没有分割线，下半部分有一条纵向分割线，将罩杯一共分割成三片。

根据其结构特点，在进行罩杯结构设计时，可先将基础纸样上的胸省合并，并全部转移至罩杯的腰省部位，再作横向的分割线并剪开。分割线一定要经过 BP 点或与之接近。罩杯下部的纵向分割线只需要将腰省的部分省量合并，并转移至横向分割线上。省量转移完成后，修顺横向分割线，同时修顺由于罩杯上部胸省的合并而产生的尖角。

三片式罩杯的结构设计如图 7-29 所示。

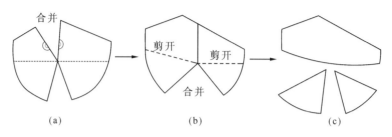

图 7-29　三片式罩杯纸样变化

同样道理，在纸样变换完成之后，需要画出罩杯的外轮廓线，即画出罩杯的上缘弧线及罩杯在钢圈处的圆弧线，以保证其与钢圈形态的吻合及与人体乳房表面形态的吻合。所得三片式罩杯的纸样形态如图 7-30 所示。

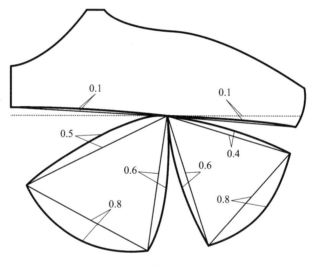

图 7-30　三片式罩杯纸样

五、文胸其他部位结构设计

罩杯设计是文胸结构设计的重点，但在文胸整体结构设计中，为了维持人体塑形的需要及文胸穿着的稳定性、美观性，文胸其他部件的设计也是必不可少的。文胸各部位名称如第六章图 6-1 所示。

（一）鸡心的设计

鸡心是在前中心处连接文胸左右两个罩杯的部分，它对文胸的款式造型和胸部的聚拢作用有重要意义。鸡心的设计包括两个方面，即鸡心宽度和鸡心高度。

1. 鸡心宽度的设计

鸡心宽度直接影响到文胸对胸部的聚拢作用。鸡心宽度较小时，两个罩杯距离较小，乳房受到的向中间的挤压力增大，聚拢效果较明显。但鸡心宽度也不能太小，否则，两乳间容易形成空隙，使罩杯与人体乳房不伏贴，同时，人体胸部由于挤压力增大，压力感增强，会产生很强的束缚感，舒适性会受到影响，甚至影响人体健康。因此，鸡心宽度的设计通常比人体两乳房内缘点之间的距离适当小一些即可。

鸡心宽度在具体设计时，以乳房内缘点为基准点，从此点开始，沿着胸围线量取所设定的鸡心宽度的一半，在此处作文胸基础纸样的前中心线的平行线，即为鸡心的前中心线。由于鸡心宽度比人体两乳房内缘点的实际距离要小一些，因此鸡心前中心线与文胸基础纸样的中心线之间会形成一段距离差（图 7-31 中右侧△部分），在进行文胸纸样设计时可将此差值补充到文胸的侧缝线处，如图 7-31 中左侧△所示。

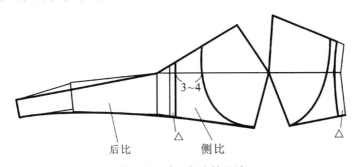

图 7-31　鸡心与比的设计

2. 鸡心高度的设计

鸡心高度设计主要与文胸的造型需要有关，因此较为灵活，通常包含鸡心上缘线和鸡心下缘线的设计。鸡心上缘线通常与罩杯的款式大小有关，罩杯较大的上缘线要高一些，反之则低一些，但总的来说是以胸围线为依据进行上下调节。鸡心的下缘线可以随造型需要任意变化，甚至可以与上缘线重合而使鸡心成为一条带状的形态。不过总的来说，鸡心下缘线要与罩杯底部以及侧比的下缘连接圆顺。

（二）比的设计

比又分为侧比和后比，其设计如图 7-31 所示。比在罩杯处的弧线即为过乳房外缘的罩杯的弧线。比的下侧弧线以文胸的基础纸样为基准，将基础纸样的下侧线条修圆顺即可，但要区分有无下扒的情况。有下扒时，比的下弧线较低；无下扒时，下弧线则较高。

比在后背中心线处的高度应根据所需要的扣钩的高度来设定。文胸常用的扣钩高度规格包括 1.9 cm、2.5 cm、3.2 cm 和 3.8 cm 等。因此可以扣钩高度规格为依据，并根据文胸款式造型的需要确定比的高度。

比通常在人体侧缝处做分割线，因此就有了侧比和后比之分，且侧缝部位一般比较靠前，位于靠近乳房外缘点 3~4 cm 的位置。因此通常状态下，侧比要比后比长一些，主要是考虑到在腋下处侧比对腋下脂肪的收拢和向胸部的转移作用。当然，比也可以不做分割线而成为一整片。

（三）下扒的设计

下扒是文胸罩杯和钢圈下方紧裹住胸下部的部分。下扒可以使罩杯下部具有更好的承托力，所以对于一些柔软的、无钢圈的文胸款式，下扒的设计是十分必要的。下扒的高度与文胸的款式造型有关，为了工艺制作的方便性，通常下扒的最小高度应不小于底围松紧带宽度的 1/2，通常为 1.5 cm 左右。下扒的位置及高度如图 7-32 所示。

（四）肩带的设计

肩带是经过肩部中点连接罩杯上端和后比上边的带子。肩带对提升胸部和聚拢胸部都有较重要的辅助作用。肩带通常具有一定的弹性，在设计时其位置通常为：

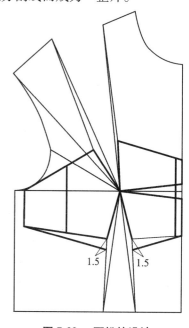

图 7-32　下扒的设计

与罩杯上端相连接的点位于前侧肩省线上，与后比相连接的点位于后腰省处。肩带在实际穿着中最常出现的问题是易滑落，这除了与人体肩部形态及肩斜度有关外，还与肩带前后的连接点、肩带的倾斜方向、肩带所用的材料都有较大关系。为了解决肩带易滑落的问题，既可以从肩带的结构及材料上加以考虑，也可以根据款式需要从肩带的形式上加以设计，如设计成吊颈式、交叉式等肩带形式。

（五）钢圈的设计

钢圈在罩杯的设计中占有很重要的地位。好的钢圈设计不仅能使文胸不易变形而保持好的外部形态，还能增强文胸的贴体性能、承托性能，起到固定人体胸部、塑造好的胸部形态的作用。

钢圈按照外形特征、心位高度及侧片高度，可分为高胸型、普通型、低胸型、连鸡心型等几种类型。高胸型的钢圈外长较长，多用于高鸡心和全罩杯文胸，稳定性较好，但其对胸部的聚拢效果较差。低胸型的钢圈外长较短，多用于低鸡心文胸，稳定性较差，但聚拢效果很好。普通型的钢圈则位于高胸型与低胸型的钢圈长度之间。因此，文胸在进行设计时，除了要充分考虑胸部形态外，还要考虑所设计的文胸款式，有针对性地设计和选择钢圈，以设计出既与人体胸部形态吻合又能塑造优美体形的文胸。

（六）文胸结构设计简短的结论

在文胸结构设计中，文胸基础纸样是在新文化式原型的基础上通过变化确立的紧身原型，在紧身原型的形成中设计师们提出了确定胸部省量大小及省的位置的方法，并通过省量的分配处理及省的转移原理对各种造型的罩杯进行了纸样的变化设计。

1. 文胸基础纸样的有关说明

（1）紧身原型的胸围

文胸基础纸样是以新文化式原型为基础，并对其进行处理（即适当消除新文化式原型中加放的松量），所获得的文胸设计所需要的紧身原型。该紧身原型的胸围尺寸为 88 cm，是人体净胸围的尺寸。以此原型为基础设计的文胸，在整体上与人体围度方向是吻合的。

（2）胸省及乳点高

在紧身原型中确定罩杯的结构形态时，胸省量是较重要的参数。这里的胸省量是通过直接测量和计算获得的，且测量的对象为 75B 标准人台。该人台与普通工业用人台不同，它是专门针对文胸等内衣设计的专用人台，因此其胸部形态是将胸部抬高与收拢后的较为理想的形态。其乳点间距为标准间距 17.7 cm，乳点高的位置也较为理想，以此为依据所设计的罩杯能达到较为理想的形态，因此更能起到对人体胸部抬高和聚拢的作用。

（3）罩杯中省的位置及量值

紧身原型中，罩杯的省量及省的位置设计是依据乳点周围不同形态具有不同的浮余量而确定的，而不是简单依据国家标准值进行设计的，因此罩杯形态与人体胸部形态的吻合性更高。

（4）文胸基础纸样变化

总的来说，文胸基础纸样（尤其是罩杯纸样）是依据理想的胸部形态参数而进行设计的，穿着根据该纸样设计的文胸能使人体胸部朝着标准的胸部形态改变。但在实际设计中，由于不同个体的胸部形态各不相同，因此，可以在文胸基础纸样的基础上，针对不同的胸部形态进行纸样的变化设计，如改变省的大小及位置，塑造不同的罩杯结构和造型，以满足不同人群的实际穿着需要。

2. 文胸结构设计的有关结论

首先，文胸结构设计通过对 7 头高标准人体比例的研究，得出乳点间距与肩宽的比值为 3∶5、乳点位于人体高度的 5/7 处的结论。这两个比例参数对文胸的结构设计有重要意义。但在实际应用中，为了测量和设计的方便，通常采用的比例参数为乳点高/身高、乳点间距/胸宽、胸厚/腰厚，而与这三个比例参数直接相关的乳房形态参数为乳点间距或乳根距（又称心位宽）。通常，对于 75B 标准人体来说，在进行文胸结构设计时，乳点间距为 17.7 cm，心位宽为 1.5~2 cm。

其次，文胸结构设计对文胸的基础纸样进行了优化设计，主要是针对罩杯的基础纸样进行了设计。原有的衣身纸样只是简单依据国家给出的不同号型规格参数进行的设计，不具备人体胸部的针对性。这里则通过对 75B 标准人台胸部省量进行实际测量，得出其胸部总省量为 85°，其中乳沟省、胸省和腰省分别为 20°、18°、47°，在此基础上进行罩杯省量及罩杯基础纸样的设计。该标准人台胸部形态是经过收拢与抬高之后的较理想的形态，因此更能达到抬高和收拢人体胸部的效果，设计也更具科学性和实用性。该设计为进一步进行文胸结构的改进及人体形态的研究提供了基础。

再次，文胸结构设计以新文化式原型为基础，针对 75B 人台进行了紧身原型的设计与制作，即将原有新文化式原型中的胸围放松量收掉，使原型的胸围为人体的净胸围 88 cm，因此其大小与人体实际净胸围是吻合的。在紧身原型的基础上进行了文胸基础纸样（尤其是罩杯基础纸样）的设计与制作，且在基础纸样的制作中主要以所测得的胸部省量为依据，分别在乳沟处、肩部及腰部进行了罩杯省量的确定。

最后，文胸结构设计根据罩杯造型进行了罩杯省量的分配设计。根据胸省转移原理，在不改变总省量大小的前提下，罩杯省可以通过合并、剪切、转移等手段进行任意分配及合并的处理，因此，从理论上来说，可以形成一片式罩杯（一个省）、两片式罩杯（两个省）、三片式罩杯（三个省），且同样的罩杯造型，省的位置和大小可以不同。但到底何种省量配置的罩杯及何种造型的罩杯的穿着效果（即塑形效果）最好，还需要进行进一步设计、制作与穿着测量。

六、文胸结构改进设计及效果评价

　　基于前述文胸结构设计的基本理论，结合现有研究中对当前主流文胸穿着效果的测量与评价，以 18～35 岁的青年女性为研究对象，对 18～25 岁、26～35 岁两个年龄段青年女性胸部形态进行实测和比较分析。基于年龄在 26～35 岁的青年女性胸部特征，对文胸结构设计进行调整与改进，并对改进设计的几款文胸塑形效果进行实测比较和效果评价。

（一）女性胸部形态特征值

1. 年龄与乳房特征值

（1）乳房特征值所包含的要素

　　① 形态特征指标描述。前面对女性胸部形态的描述中，将乳房分成了四种类型，即圆盘型、半球型、圆锥型和下垂型。但若要进一步对胸部形态特征进行研究，必须要对乳房的有关指标进行描述，以获得对乳房形态指标的测量值。根据已有的研究成果及本研究所需，为了获得对胸部完整形态特征的描述，可分别从人体高度指标、宽度指标、长度指标、围度指标、深度和厚度指标 5 个方面（共 26 个形态指标）对人体进行测量和说明，如表 7-6 所示。

表 7-6　胸部形态特征指标

类别	序号	指标名称	定　义
高度	1	身高	头顶到脚底水平面的垂直距离
	2	侧颈点高	侧颈点到脚底水平面的垂直距离
	3	乳点高	乳点到脚底水平面的垂直距离
	4	颈窝点高	颈窝点到脚底水平面的垂直距离
	5	乳根点高	乳房下缘点到脚底水平面的垂直距离
	6	腰高	腰围线到脚底水平面的垂直距离
宽度	7	肩中点到乳点的距离	肩部中点到乳点的距离
	8	乳点间距	左右乳点间的直线距离
	9	乳根距	经过人体胸围线上的内侧乳房根围点间的水平距离
	10	乳房横径	腋侧乳房根围点到内侧乳房根围点间的水平距离
	11	胸宽	胸围线上胸廓左右两侧横向水平直线距离
	12	乳房内表面直长	乳点到内侧乳房根围点的直线距离

续表

类别	序号	指标名称	定　义
宽度	13	乳房外表面直长	乳点到腋侧乳房根围点的直线距离
	14	上罩杯直长	乳点到乳房上缘点的直线距离
	15	下罩杯直长	乳点到乳房下缘点的直线距离
长度	16	上罩杯长	乳点到乳房上缘点的体表弧线长度
	17	下罩杯长	乳点到乳房下缘点的体表弧线长度
	18	乳房根围弧长	腋侧点到内侧点的乳房根围弧线长度
	19	乳房内表面弧长	乳点到内侧乳房根围点的体表弧线长度
	20	乳房外表面弧长	乳点到腋侧乳房根围点的体表弧线长度
围度	21	胸围	经乳点沿胸廓的水平围长
	22	上胸围	经前后左右腋点沿胸廓的水平围长
	23	下胸围	经乳房下缘点沿胸廓的水平围长
深度、厚度	24	乳房深度	前中心线与胸围线的交点到两乳点连线的垂直距离
	25	胸厚	前后胸围线的水平直线距离
	26	腰厚	腰线前后的水平直线距离

　　另外，考虑到同一年龄段的不同女性乳房形态或多或少都存在一定的差异，为了更直观地把握乳房的结构形态特征，可对另外 4 个派生变量进行计算，如表 7-7 所示。

表 7-7　派生变量

序号	变量名称	计算公式
1	胸身比	乳点高/身高
2	胸径比	乳点间距/胸宽
3	胸腰厚比	胸厚/腰厚
4	胸围差	胸围−下胸围

　　表 7-7 中，胸身比体现了乳房的高低位置，其比值越小，说明乳点越低，乳房越有下垂倾向；胸径比则体现了乳房的方向，其比值越小，说明乳点间距越小，乳房越向中间靠拢；胸腰厚体现了乳房的丰满度，胸腰厚比值越大，说明乳点到乳房底部的垂直距离越大，乳房形态也越丰满。

② 特征指标的确定。由于女性胸部形态较为复杂，因此要对乳房形态特征进行详细描述时，需要用很多指标去进行测量与分析（如表 7-6 所列的 26 个指标）。但在实际应用中用过多的指标去描述胸部形态是很困难的，并且很多指标之间本身存在较强的相关性，因此可从众多的指标中提取部分特征指标来进行乳房形态的描述。根据已有的研究，从众多的指标中可提取 6 个因子来解释所测项目，这 6 个因子分别为高度因子、围度因子、乳房定位因子、乳房定向因子、乳房深度因子及乳房形态因子，且 6 个因子之间相关系数为 0。除高度因子外，其他 5 个因子都能反映乳房的形态特征。在这 5 个反映乳房形态特征的因子中，胸围可作为乳房围度因子的特征参数，肩中点到乳点的距离可作为乳房定位因子的特征参数，乳点间距可作为乳房定向因子的特征参数，胸围差可作为乳房深度因子的特征参数，乳房根围可作为乳房形态因子的特征参数。因此，最终将影响乳房形态的主要特征参数确定为 5 个，即胸围、胸围差、乳点间距、乳房根围弧长、肩中点到乳点的距离。另外，对乳房的形态特征而言，上罩杯长及下罩杯长也能较好地对其进行表达，因此，必要的时候也可以对其进行描述。据此，本研究以上述 5 个特征参数为基础来研究 26~35 岁青年女性的胸部形态特征。

（2）不同年龄段乳房的特征值测量

本次人体测量根据表 7-6 所列项目，从高度、宽度、围度、长度、厚度几个角度共选定女性上半身的 25 个部位及身高作为测量项目，这些项目能较全面地反映女性胸部形态。测量的基准点、基准线及测量方法均参照了国家标准的有关规定。

本次测量是在参照已有的部分测量结果的基础上进行的验证性测量，测量总人数为 90 人，其中年龄在 18~25 岁的未婚女青年及年龄在 26~35 岁的已婚育女青年各 45 人。测量所得平均值与标准差如表 7-8 所示。

表 7-8　两个年龄段女性胸部各指标均值、标准差与变异系数

指标名称	18~25 岁			26~35 岁		
	平均值/cm	标准差/cm	变异系数	平均值/cm	标准差/cm	变异系数
身高	161.070	3.276	3.085 216 765	160.398	3.823	2.760 573 293
侧颈点高	133.375	4.847	3.634 114 339	132.896	5.396	4.060 317 843
乳点高	114.360	1.863	1.629 066 107	113.562	2.147	1.890 597 207
颈窝点高	130.521	5.163	3.955 685 292	130.325	5.224	4.008 440 437

续表

指标名称	18~25 岁			26~35 岁		
	平均值/cm	标准差/cm	变异系数	平均值/cm	标准差/cm	变异系数
乳根点高	109.857	2.159	1.965 282 139	109.135	2.937	2.691 162 322
腰高	100.673	3.357	3.334 558 421	100.257	3.085	3.077 091 874
肩中点到乳点的距离	22.372	1.785	7.978 723 404	23.163	1.635	7.058 671 157
乳点间距	18.175	1.76	9.683 631 362	19.864	1.878	9.454 289 251
乳根距	2.136	0.834	39.044 944 216	2.473	0.915	37.024 831 290
乳房横径	13.565	2.720	20.051 603 391	13.896	3.013	21.682 498 561
胸宽	27.378	2.812	10.271 020 527	27.891	1.975	7.081 137 284
乳房内表面直长	7.535	0.828	10.988 719 134	7.835	0.885	11.588 323 469
乳房外表面直长	5.475	1.987	36.292 237 443	5.745	1.653	28.772 846 034
上罩杯直长	8.923	1.776	19.903 627 988	9.573	2.153	22.575 233 157
下罩杯直长	5.185	1.354	26.113 789 778	5.091	1.272	24.985 268 423
上罩杯长	10.367	1.853	17.874 023 343	10.691	2.023	18.922 458 476
下罩杯长	7.016	1.588	22.633 979 475	7.218	1.382	19.146 578 274
乳房根围弧长	21.197	1.856	8.361 490 291	21.576	2.013	8.921 291 285
乳房内表面弧长	8.526	1.765	20.701 384 002	9.335	2.353	23.683 945 646
乳房外表面弧长	14.852	1.302	8.766 496 095	12.203	1.175	9.628 779 808
胸围	82.576	3.531	4.276 060 841	85.091	4.318	5.074 567 384
上胸围	78.326	3.189	4.071 444 986	82.106	3.953	4.814 508 075
下胸围	72.287	3.545	4.904 062 971	73.326	4.572	6.235 168 971
乳房深度	2.385	1.013	42.473 794 549	2.491	1.175	47.169 811 819
胸厚	21.879	2.286	10.448 375 626	22.289	2.015	9.040 334 257
腰厚	17.885	2.769	15.482 247 694	18.136	3.215	17.727 172 475

① 对所测结果的总体分析。根据表 7-8 测量结果可以看出有关体形信息：

首先，对于胸部围度指标来说，18~25 岁女性下胸围平均值为 72.287 cm，变异系数为 4.904 062 971，胸围与下胸围的平均差值为 10.289 cm；而

26~35 岁女性下胸围平均值为 73.326 cm，变异系数为 6.235 168 971，胸围与下胸围的平均差值为 11.765 cm。可以看出，整个年龄段胸围的离散度较小。对照文胸号型推断，此次测量的青年女性所穿文胸号型主体为：18~25 岁女性为 70A，26~35 岁女性为 75B。

其次，在宽度指标中，18~25 岁女性乳点间距为 18.175 cm，26~35 岁女性乳点间距为 19.864 cm，二者均比国家标准值 17.7 cm 要大。

最后，从表 7-8 中可以看出，下罩杯直长、下罩杯长、乳房横径、乳根距、乳房深度、乳房外表面直长、上罩杯直长、上罩杯长的变异系数均较大，因此这些部位的尺寸若由整体均值来确定是不合理的。

表 7-9 是根据表 7-8 的测量值所计算的各派生变量的值。

表 7-9　派生变量计算

单位：cm

18~25 岁		26~35 岁	
变量名称	计算值	变量名称	计算值
胸身比	0.710	胸身比	0.708
胸径比	0.664	胸径比	0.693
胸腰厚比	1.223	胸腰厚比	1.229
胸围差	10.289	胸围差	11.765

② 两个年龄段青年女性胸部特征比较分析。根据对两个年龄段青年女性胸部的测量，从均值结果可以直接看出：

第一，在高度指标中，能直观反映乳房高低的乳点高值及乳根点高值随着年龄的增加都有所下降。参照胸身比值，18~25 岁女性为 0.710，而 26~35 岁女性为 0.708，说明随着年龄的增加，乳房有下垂的倾向。

第二，在宽度指标中，能直观反映乳房形态和位置的乳点间距和乳根距的值随年龄的增加有适当增大的趋势。参照胸径比值，18~25 岁女性为 0.664，而 26~35 岁女性为 0.693，说明随着年龄的增加，乳房有外开的倾向。

第三，在围度指标中，随着年龄的增加，胸围、上胸围及下胸围都有不同程度的增加，且胸围差也随着增大，说明婚育后的青年女性胸部变大。

第四，在长度指标中，上罩杯长、下罩杯长、乳房根围弧长、乳房表面弧长都能直观反映出乳房形态，测量结果可看出，随着年龄的增加，这些指标都有所增大，说明 26~35 岁女性胸部变大。

第五，在厚度指标中，胸厚、下胸厚及腰厚随着年龄的增加都有不同程度的增大。参照胸腰厚比值，18~25 岁女性为 1.223，而 26~35 岁女性为 1.229，说明婚育后的青年女性体形变得更丰满。

从测量结果总体来看，在 18~35 岁年龄段的青年女性中，随着年龄的增加，已婚育女性胸部更加丰满，但同时，乳房也出现了下垂及外开的倾向，更需要通过塑形内衣对胸部形态进行调整。

（3）乳房特征参数回归模型

在服装设计与制作中，尽管测量的部位越多，所设计和制作的服装与人体形态越吻合，服装也越合体，但在实际操作中，测量指标的增多及某些部位测量的复杂性会增加工作的难度，降低工作效率，因此对人体所有部位进行大量测量是不现实的，也是不必要的。根据需要通常只对少数几个关键的、起主要控制作用的部位进行测量，以获得其实际尺寸，而其他部位的尺寸则可通过回归模型来进行推算，即用少量的易于测量的关键部位来表现其他控制部位。

在有关人体部位关系的研究中，回归分析是一种较有效的方法。回归分析主要用来研究一个或多个自变量与一个因变量之间的线性或非线性关系，从而建立变量之间的数学模型。

将因变量设为 y，自变量设为 x_1，x_2，$\cdots$，x_n，则它们之间适合如下所示的线性回归模型：

$$y = b_0 + b_1 x + \cdots + b_n x_n + \varepsilon$$
$$\varepsilon \sim N\ (0,\ \sigma^2)$$

上述模型中，当自变量数量 n 为 1 时，为一元线性回归模型；而当 n 大于或等于 2 时，则为多元线性回归模型。

从人体测量数据可知，上罩杯直长、上罩杯长、乳房深度、乳房外表面直长、乳根距、下罩杯直长、下罩杯长的变异系数较大，不可用数据均值直接表示。这里将这些表达乳房细部形态的参数作为因变量，将提取的 5 个特征参数（即胸围、肩中点到乳点的距离、乳点间距、胸围差、乳房根围弧长）作为自变量，运用回归分析来建立乳房特征参数的多元线性回归模型。这里采用逐步回归法建立 26~35 岁女性乳房特征参数的回归模型。

先说明下罩杯长的多元回归模型的建立。从逐步回归法输出的结果可知，在该多元回归模型建立的过程中，回归系数显著性 F 检验相伴概率小于或等于 0.05 的自变量被引入了回归方程，而大于或等于 0.1 的则被剔出了回归方程。也就是说，胸围差、乳点间距、乳房根围弧长这 3 个自变量通过逐步回归都进入了回归方程。

常用统计量如表 7-10 所示。

表 7-10　常用统计量

模型 （Model）	相关系数 （R）	拟合系数 （R Square）	调整拟合系数 （Adjusted R Square）	标准估计的误差 （Standard Error of Estimate）
1	0.937（a）	0.877	0.864	0.308 30
2	0.949（b）	0.902	0.877	0.293 12
3	0.957（c）	0.915	0.879	0.290 55

a. 预测变量（常量）：胸围差；
b. 预测变量（常量）：胸围差，乳点间距；
c. 预测变量（常量）：胸围差，乳点间距，乳房根围弧长；
d. 预测变量：下罩杯长。

表 7-10 中"R"列为 3 个回归模型的因变量与各自变量之间的复相关系数，而"R Square"列则为用于拟合优度检验的判定系数 R^2，"Adjusted R Square"列为调整的 R^2。输出结果显示，随着自变量的不断进入，R 及调整的 R^2 在不断提高，而相应的回归方程的估计标准误差也在不断减小。

回归系数如表 7-11 所示。

表 7-11　回归系数

模型		非标准化系数		标准化系数	t	显著性
		回归系数	标准误差	回归系数		
1	（常量）	−7.251	2.309		−4.872	0.001
	胸围差	0.837	0.104	0.937	8.028	0.000
2	（常量）	−9.633	2.482		−3.882	0.005
	胸围差	0.672	0.154	0.752	4.353	0.000
	乳点间距	0.095	0.068	0.241	1.399	0.000
3	（常量）	−1.635	2.460		−3.893	0.006
	胸围差	0.762	0.175	0.852	4.363	0.000
	乳点间距	−0.089	0.068	0.204	1.169	0.000
	乳房根围弧长	0.080	0.084	−0.014 0	−1.069	0.021

a. 因变量：下罩杯长。

表 7-11 中，"模型"列为回归分析中形成的 3 个模型代码和引入的自变量，模型 3 即为最终获得的回归模型，"回归系数"列则为回归模型中自变量的回归系数。

由表 7-11 可得到下罩杯长（$L_{下}$）的多元回归模型为：

$$L_{下} = 0.762\Delta_B - 0.089W + 0.080P_B - 1.635$$

式中，Δ_B 为胸围差，W 为乳点间距，P_B 为乳房根围弧长。下同。

同样用逐步回归法可以得到其他几项指标的多元线性回归模型：

$$L_{下S} = 0.446L_B - 0.199W + 0.191P_B - 0.436\Delta_B - 27.55$$

$$L_{上} = 0.499L_C + 0.254W + 0.159P_B - 8.294$$

$$L_{上S} = 0.636L_C - 0.252W$$

$$L_{外S} = 0.208P_B - 0.271L_C + 0.084L_B$$

$$H_B = 0.418\Delta_B + 0.066W + 0.037L_B - 0.037L_C - 5.968$$

$$W_e = 0.667W - 0.223P_B - 0.146\Delta_B - 4.012$$

式中，$L_{下S}$ 为下罩杯直长，$L_{上}$ 为上罩杯长，$L_{上S}$ 为上罩杯直长，$L_{外S}$ 为乳房外表面直长，H_B 为乳房深度，W_e 为乳房根距，L_C 为肩中点到乳点的距离，L_B 为胸围。下同。

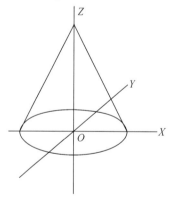

图 7-33　圆锥体乳房形态

（4）女性乳房形态的数学模型

关于女性乳房形态的数学模型，人们一直在不断进行研究。Shen 和 Huck 曾经将乳房形态假设为圆锥体，并以内侧乳房根围点与腋侧乳房根围点的连线的中点为圆心，建立了所假设的圆锥体乳房形态的三维坐标轴，如图 7-33 所示。

人体测量结果显示，乳房上罩杯长与上罩杯直长的值较为接近，且乳房上半部分曲线变化也不明显，因此，乳房上半部分被假设为锥体是合适的，但下半部分下罩杯长与乳点到乳房下缘点的斜线长存在较大差异，且乳房下半部分形态由于受重力作用的影响，曲线变化较为明显，因此下半部分被假设为锥体是不合适的。有人也因此提出将乳房上半部分假设为圆锥体，下半部分假设为椭球体，即以内侧乳房根围点与腋侧乳房根围点的连线的中点为圆心，建立所假设的乳房下半部分为椭球体的三维坐标轴，如图 7-34 所示。

根据人体测量数据可知，女性乳房内表面弧线长和外表面弧线长的值差别较明显，且内表面直长与外表面直长也存在较大差异，因此将乳房下半部分形态假设为 1/4 椭球体仍然是不太合适的。为此另有研究者提出将女性乳房下半部形态假设为两个半径不等的 1/8 椭球体，即以内侧乳房根围点与腋侧乳房根围点的连线的中间某点为圆心，建立所假设的乳房下半部分为两个半径不等的 1/8 椭球体的三维坐标轴，如图 7-35 所示。

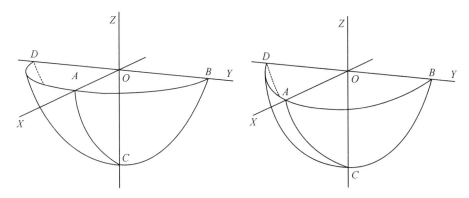

图 7-34　1/4 椭球体下半部乳房形态　　　图 7-35　两个半径不等的
　　　　　　　　　　　　　　　　　　　　　1/8 椭球体下半部乳房形态

图 7-35 中，乳房内表面 ABC 的点满足椭球面方程，如下式所示：

$$\frac{x^2}{a^2}+\frac{y^2}{b^2}+\frac{z^2}{c^2}=1$$

乳房外表面 ADC 的点满足椭球面方程，如下式所示：

$$\frac{x^2}{a^2}+\frac{y^2}{d^2}+\frac{z^2}{c^2}=1$$

式中，a 为乳房深度，即线段 OA 的长度，即 H_B；

　　　b 为乳房内表面直长，即线段 OB 的长度，即 $L_{内S}$；

　　　c 为下罩杯直长，即线段 OC 的长度，即 $L_{下S}$；

　　　d 为乳房外表面直长，即线段 OD 的长度，即 $L_{外S}$；

　　　下同。

　　图 7-35 中，两个不同的 1/8 椭球体被 YOZ 面和 XOZ 面所截，所得平面图形则为半径不等的两个 1/4 椭圆面，通过推算椭圆周长，即可得到有关的指标值。将推算值与实测结果进行比较，便可得出所假设乳房形态是否合理。

　　该模型的提出者最终对该模型的验证结果较好，说明该模型是比较理想的乳房形态假设模型。但该模型的建立只是针对 18~25 岁的青年女性乳房形态而言，对 26~35 岁的已婚育女性乳房形态是否合适，还需要进一步验证。

下面利用所测量数据及所获得的回归方程，针对 26~35 岁已婚育的青年女性，对该模型进行验证。

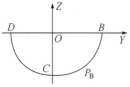

图 7-36　乳房根围曲线图

YOZ 面截得的两个 1/4 椭圆如图 7-36 所示。得到的两个 1/4 椭圆分别为 DOC 面和 BOC 面，P_B 即为乳房根围弧线长。

利用椭圆周长的计算公式 $S=(c+b)\pi$，可得 P_B 的计算公式：

$$P_B=\frac{(c+b)\pi}{4}+\frac{(c+d)\pi}{4}$$

人体测量数据均值 $b=7.637$ cm，由多元回归方程 $L_{下S}=0.446L_B-0.199W+0.191P_B-0.436\Delta_B-27.55$ 得出 $c=5.863$ cm，由多元回归方程 $L_{外S}=0.208P_B-0.271L_C+0.084L_B$ 得出 $d=5.932$ cm，再由 P_B 的计算公式 $P_B=\frac{(c+b)\pi}{4}+\frac{(c+d)\pi}{4}$ 得到 $P_B=20.08$ cm。实际测得的乳房根围弧长为 21.576 cm，二者的差值比为 6.9%。计算值与实际测量的误差较小。

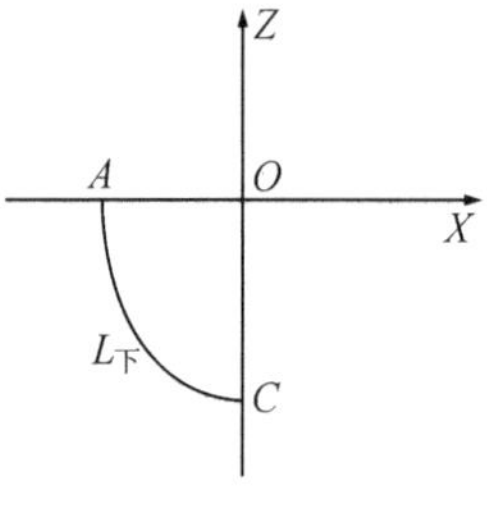

图 7-37 为由 XOZ 面截得的 1/4 椭圆 AOC 面，$L_下$ 为下罩杯长。由椭圆周长的计算公式 $S=(a+c)\pi$ 可得 $L_下$ 的计算公式为：

$$L_下=\frac{(a+c)\pi}{4}$$

图 7-37　下罩杯弧线

根据多元线性回归方程 $H_B=0.418\Delta_B+0.066W+0.037L_B-0.037L_C-5.968$ 可得 $a=2.55$ cm，由多元线性回归方程 $L_{下S}=0.446L_B-0.199W+0.191P_B-0.436\Delta_B-27.55$ 得出 $c=5.863$ cm，带入 $L_下$ 计算式 $L_下=\frac{(a+c)\pi}{4}$ 可得 $L_下=6.6$ cm，由多元线性回归方程 $L_下=0.762\Delta_B-0.089W+0.080P_B-1.635$ 得出下罩杯长为 7.3 cm，实际测得的下罩杯长为 7.218 cm，二者的差值比为 1.1%，误差不大。

从以上验证分析可知，将乳房下半部分近似看为两个 1/8 椭球体，用于对年龄在 26~35 岁的已婚育青年女性的乳房形态进行描述也是合适的。

（5）罩杯省量的计算及比较

这里针对所测得的 26~35 岁已婚育女性的乳房形态来计算胸部省量，并与实际测得的标准人体的省量进行比较。根据前述假设分析，将乳房上半部分近似看为 1/2 圆锥体，下半部分近似看为两个半径不等的 1/8 椭球体，如图 7-38 所示。

① 胸部上半部分省量。

将图 7-38 中的上部圆锥体展平成如图 7-39 所示的扇形。

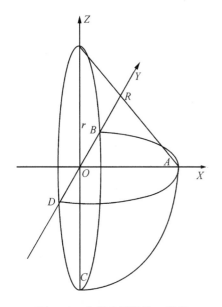

图 7-38 上部半圆锥体，下部两个半径不等的 1/8 椭球体

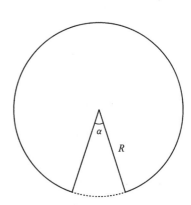

图 7-39 圆锥体展开图

展开扇形的半径为 R（即 $L_\text{上}$），r 即为 $L_\text{上S}$，上罩杯的省量则为 $\angle \alpha/2$，根据扇形弧长的计算公式，可得上罩杯省量的计算公式：

$$\angle \alpha/2 = \frac{1}{2}\left(\frac{2\pi R - 2\pi r}{2\pi R} \times 2\pi\right) = \pi\left(1 - \frac{r}{R}\right)$$

由多元线性回归模型 $L_\text{上} = 0.499 L_\text{C} + 0.254 W + 0.159 P_\text{B} - 8.294$ 及 $L_\text{上S} = 0.636 L_\text{C} - 0.252 W$ 可得出 $R = L_\text{上} = 10.9$ cm，$r = L_\text{上S} = 9.205$ cm，代入上述罩杯省量的计算公式，即可算得 $\angle \alpha/2 = 28°$。

② 胸部下半部分省量。

将下罩杯也展开成平面，展开后的下罩杯与两个半径不等的椭圆形很接近，如图 7-40 所示。

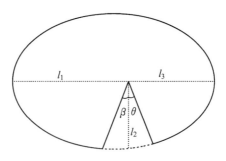

图 7-40 下半部分展开图

图 7-40 中，l_2 为两椭圆共同的短轴半轴，即为下罩杯长（即 $L_下$），l_1 和 l_3 分别为乳房外表面弧长和乳房内表面弧长。下半部分总的省量为 $\angle \delta = \angle \beta + \angle \theta$。

根据椭圆周长的计算公式 $S = (c+b)\pi$，分别得到 $\angle \beta$ 及 $\angle \theta$ 的计算公式：

$$\angle \beta = \frac{\pi}{2} - \frac{(b+c)\pi/4}{(l_1+l_2)\pi/4} \times \frac{\pi}{2} = \frac{\pi}{2}\left(1 - \frac{b+c}{l_1+l_2}\right)$$

$$\angle \theta = \frac{\pi}{2} - \frac{(d+c)\pi/4}{(l_2+l_3)\pi/4} \times \frac{\pi}{2} = \frac{\pi}{2}\left(1 - \frac{d+c}{l_2+l_3}\right)$$

由 26~35 岁女性人体测量数据均值可知，乳房外表面弧长均值 $l_1 = 12.203\ \text{cm}$，乳房内表面弧长均值 $l_3 = 9.325\ \text{cm}$，乳房内表面直长 $b = L_{内S} = 7.835\ \text{cm}$。由多元线性回归模型 $L_下 = 0.762\Delta_B - 0.089W + 0.080P_B - 1.635$ 得下罩杯长 $l_2 = L_下 = 7.3\ \text{cm}$，由乳房外表面直长模型 $L_{外S} = 0.208P_B - 0.271L_C + 0.084L_B$ 得乳房外表面直长 $d = L_{外S} = 5.932\ \text{cm}$，由下罩杯直长模型 $L_{下S} = 0.446L_B - 0.199W + 0.191P_B - 0.436\Delta_B - 27.55$ 得下罩杯直长 $c = 5.863$。将所得数值分别代入上述 $\angle \beta$ 及 $\angle \theta$ 的计算公式可得 $\angle \beta = 26.8°$，$\angle \theta = 26.2°$。

设胸部下半部分省量为 $\angle \delta$，则有：

$$\angle \delta = \angle \beta + \angle \theta = 53°$$

③ 总省量与标准人体测量的对比。

由上面推导计算可知，胸部总省量为 $\angle \alpha/2 + \angle \delta = 28° + 53° = 81°$。

由前述罩杯省量的测量可知 75B 标准女性人体胸部省量为 85°，因此计算所得的平均穿着号型为 75B 的 26~35 岁青年女性的胸部省量比 75B 标准女性人体胸部省量要稍小一些。

2. 文胸类别及其适用性

如前所述，文胸从款式上有全杯型、1/2 杯型及 3/4 杯型三种，从造型上则有一片式、二片式和三片式之分。而文胸的号型与人体胸围差有关，与文胸的款式及造型无关。

从前面的分析可知，乳房形态的特征参数包括胸围、胸围差、乳点间距、肩中点到乳点的距离、乳房根围。从测量结果可知，两个年龄段的女性穿着主体文胸的号型分别为：18~25 岁的女性穿着号型为 70A，26~35 岁女性穿着号型为 75B。可以看出，随着年龄的增大，乳房形态特征参数值也在发生变化，表现为乳房根围逐渐增加，胸围差逐渐增大，乳房深度也在增加，胸部也变得越来越丰满，文胸罩杯从 A 杯逐渐增大到 B 杯；但胸身比在减少，乳房出现了下垂的倾向。从人体测量数据和派生变量可获得 A 杯与 B 杯女性乳房形态特征值。

（1）A 罩杯女性乳房形态特征

A 罩杯女性乳房胸身比均值为 0.71，乳房根围弧长为 22.197 cm。

（2）B 罩杯女性乳房形态特征

B 罩杯女性乳房胸身比均值为 0.708，相比 A 罩杯而言，在同等条件下，B 罩杯女性乳房已有所下垂，乳房根围弧长的均值为 22.386 cm，说明 B 罩杯女性乳房底部面积有所增加。

（3）罩杯大小

根据（1）、（2）的变化规律可推知：在同等条件下，C 杯女性乳房下垂程度比 B 杯又有所增加，乳房根围弧长也增加，乳房底部面积也相应增加。

3. 文胸设计的一般原则与效果

（1）文胸结构设计的一般原则

在前面有关罩杯结构设计的研究中，已阐述了罩杯结构设计的基本原则，即罩杯不仅要符合女性乳房形态，还应符合乳房各细部尺寸。对于文胸整体结构设计来说，应从保护乳房、美化体形及舒适性的角度来考虑，使人体穿着文胸时既美观又舒适。具体应满足如下要求：

① 弹性与固定。

文胸应能将女性乳房固定在合适的位置，并能在人体活动时有效地托起乳房及合理限制其运动。这样不仅能保护乳房不因为运动而受到伤害，也能使人体产生安全感。但文胸不能对人体产生较强的束缚感，或使人体呼吸受阻，否则会影响人体健康。因此文胸必须既能固定胸部，又能具备一定的弹性，使人体穿着时感到轻松自如，既能使胸部保持稳定和安全，又能使人体在任何状态下感到自由和舒适。

② 舒适与塑形。

文胸穿着的目的就是保护和美化胸部形态，达到塑形的效果，如使乳房更集中丰满，使下垂的乳房能适度提高，使乳房在人体的位置适中，达到整体的平衡及符合美学要求等。同时，要从压力舒适性的角度去考虑文胸对人体产生的影响，不能使人体穿着时有压迫感，或长时间穿戴后产生压痕，否则不仅会影响人体穿着的美感，还会对人体产生一定的伤害，影响人体健康。

③ 稳定与轻质。

文胸穿着时要紧密贴身，不能随着人体运动而产生滑移，甚至在某些运动状态下要能使肌肉产生适当的紧张感觉以辅助运动。因此文胸在设计时，在材料的选择上除了要选择弹性材料及高强力的面料外，在辅料的选择上也应注意材料的质感，如罩杯部分、钢圈部分等，不能使文胸产生厚重感，否则会影响人体的穿着舒适性和正常活动。

（2）罩杯纸样改进设计

在文胸的结构设计中，罩杯设计是重点，胸部省量的大小及分配处理会直接影响到罩杯的结构造型，从而影响到文胸的塑形效果及舒适性。由于女性人体胸部形态千差万别，即使某些女性胸部特征值相同，并穿着同一号型的文胸，乳房的细部尺寸及形态也可能不同。因此，根据胸部省量的大小及位置来调节文胸的结构设计，从而满足人体形态和舒适性的需要是有必要的。

文胸通常是靠罩杯的下半部分起到支撑和抬高胸部的作用，因而罩杯的下半部分必须要高度贴体，其形态也要与人体形态相吻合，只有这样才能实现罩杯对人体的支撑作用。因此，从理论上来讲，罩杯部分加放的松量通常会留在罩杯的上半部分，以保证文胸的塑形作用，但也可以根据款式需要在上下罩杯的省量大小及位置上做适当调整。具体松量的大小可根据收省角度的变化来调整。当不考虑罩杯松量时，根据前面测量计算的75B标准人台的胸部省量为85°，应将85°全部收掉。而当考虑松量时，通常，当原型纸样的乳圆上对应的松量每增加0.5 cm时，收省角度便减少3.9°。可按此规律来进行放松量的处理。松量与收省角度的关系如表7-12所示。

从表7-12中可以看出，为了达到不同的设计效果，罩杯松量的取值可不相同，且通常状态下，为了保证乳房的基本舒适状态，乳圆上的松量一般不小于1 cm。这里针对26~35岁已婚育青年女性，并以75B文胸为例，进行罩杯纸样的设计。

表 7-12 75B 标准人台胸部松量与收省角度的关系

松量大小/cm	0	0.5	1.0	1.5
角度减小的量/°	0	3.9	7.8	11.7
收省的角度/°	85	81.1	77.2	73.3

根据穿着 75B 文胸的 26~35 岁已婚育青年女性胸部省量的推理计算，得出该年龄段女性胸部总省量为 81°，与 75B 标准人体胸部总省量差别不大，因此这里按 75B 标准人体胸部总省量 85°进行设计。

① 罩杯省量的分配处理。

根据表 7-12 中松量与收省角度的关系，取松量在 1 cm 时所对应的 77.2°作为应收掉的胸部总省量来进行文胸罩杯的纸样设计。

表 7-13 从理论的角度提出了文胸罩杯省量的多种分配形式，但针对具体的具有一定胸部形态的人群来说，省量的分配应有一定的依据，以此来满足人体胸部形态的需要。这里以基本省量 $\beta_1 = 20°$、$\beta_2 = 18°$、$\beta_3 = 47°$为基础，并将放掉的省量 7.8°分别以不同的方式实施到各基本省中去，共获得了 8 种分配方式（表 7-13）。

表 7-13 省量分配方案

罩杯编号	罩杯省量分配方式
罩杯 1	$\beta_1 = 12.2°$，$\beta_2 = 18°$，$\beta_3 = 47°$（省量减少量全放在 β_1）
罩杯 2	$\beta_1 = 20°$，$\beta_2 = 10.2°$，$\beta_3 = 47°$（省量减少量全放在 β_2）
罩杯 3	$\beta_1 = 20°$，$\beta_2 = 18°$，$\beta_3 = 39.2°$（省量减少量全放在 β_3）
罩杯 4	$\beta_1 = 17.4°$，$\beta_2 = 15.4°$，$\beta_3 = 44.4°$（省量减少量平均分配给 β_1、β_2、β_3）
罩杯 5	$\beta_1 = 14°$，$\beta_2 = 16.2°$，$\beta_3 = 47°$（省量减少量大部分放在 β_1，少量放在 β_2，使 $\beta_1 < \beta_2$，β_3不变）
罩杯 6	$\beta_1 = 18.2°$，$\beta_2 = 12°$，$\beta_3 = 47°$（省量减少量大部分放在 β_2，少量放在 β_1，使 $\beta_1 > \beta_2$，β_3不变）
罩杯 7	$\beta_1 = 14°$，$\beta_2 = 18°$，$\beta_3 = 45.2°$（省量减少量大部分放在 β_1，少量放在 β_3，β_2不变，使 $\beta_1 < \beta_2$）
罩杯 8	$\beta_1 = 20°$，$\beta_2 = 16.2°$，$\beta_3 = 41°$（省量减少量大部分放在 β_3，少量放在 β_2，β_1不变，使 $\beta_1 > \beta_2$）

② 罩杯纸样改进设计。

以图7-19中罩杯基础纸样为基础，先对罩杯基础纸样进行修正，使罩杯的收省在原来的基础上减少到总量为77.2°，在此基础上对表7-13中所列8种造型的罩杯进行纸样设计，款式均为3/4杯型。

a. 罩杯1纸样设计（图7-41）。

罩杯1纸样设计时，腰省处的基本省量保持不变，而乳沟省减小。因此在设计时，可经过BP点作横向分割线，将胸省合并，并将胸省量全部转移至横向分割线处，同时将基本乳沟省量放出7.8°，即减小乳沟省。最后画顺罩杯轮廓线。

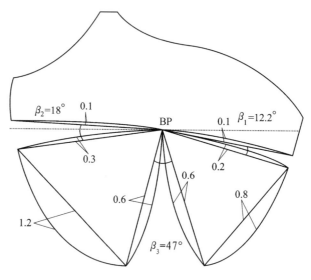

图7-41　罩杯1纸样设计

b. 罩杯2纸样设计（图7-42）。

罩杯2纸样的设计方法与罩杯1很相似，即在文胸基本纸样中保持腰部基本省量不变。过BP点作横向分割线，同时，将基本的胸省量放出7.8°。合并胸省，将胸省量全部转移到横向分割线中去，并保持乳沟省为20°不变。省道转移完成后，最后画顺罩杯轮廓线，即得到罩杯2的纸样。

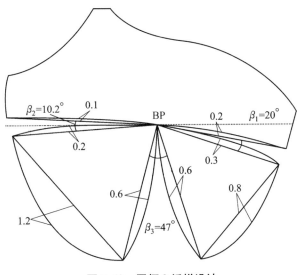

图 7-42 罩杯 2 纸样设计

罩杯 3 至罩杯 8 的纸样设计方法及原理与罩杯 1 和罩杯 2 的纸样设计方法及原理基本一致，这里就不再赘述。罩杯 3 至罩杯 8 的纸样设计依次如图 7-43 至图 7-48 所示。

c. 罩杯 3 纸样设计（图 7-43）。

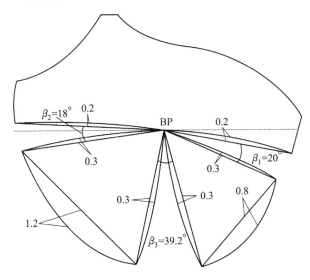

图 7-43 罩杯 3 纸样设计

d. 罩杯 4 纸样设计（图 7-44）。

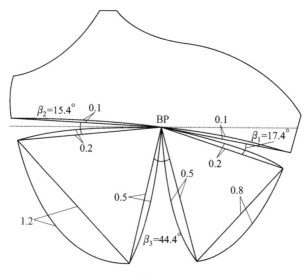

图 7-44 罩杯 4 纸样设计

e. 罩杯 5 纸样设计（图 7-45）。

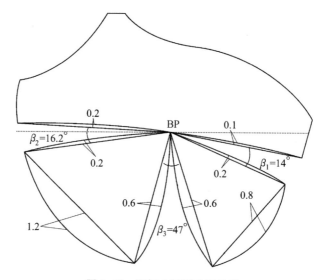

图 7-45 罩杯 5 纸样设计设计

f. 罩杯 6 纸样设计（图 7-46）。

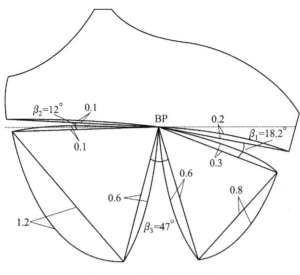

图 7-46 罩杯 6 纸样设计

g. 罩杯 7 纸样设计（图 7-47）。

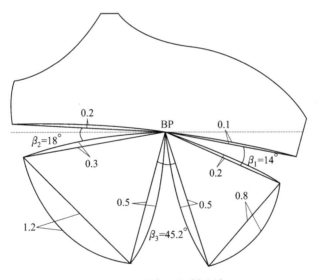

图 7-47 罩杯 7 纸样设计

h. 罩杯 8 纸样设计（图 7-48）。

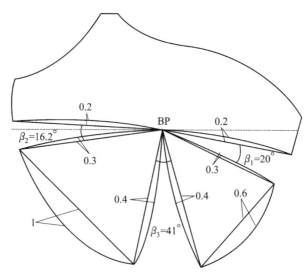

图 7-48　罩杯 8 纸样设计

　　从上述 8 个罩杯纸样设计的变化来看，8 个罩杯纸样设计的原理和方法基本一致，都是以总省量大小不变及省道转移原理为前提。由于上述罩杯纸样都属于三片式，因此都需要作横向的分割线，并且都要将胸省转移至横向分割线中。根据各款式的需要以及省量的不同，在省的转移时做适当的调整处理即可得到所需的罩杯造型。另外，在省的转移结束后都要对罩杯轮廓进行修顺处理，以保证罩杯外观形态的圆润和饱满。尽管它们都属于三片式罩杯，但由于各处所收的省量不同，因此对人体胸部的塑形效果是存在差异的。

　　③ 确定文胸结构参数。

　　表 7-14 为针对所测地区主流文胸款式（3/4 杯）及号型（75B）所设计和确定的有关文胸结构参数，该结构参数对应于 1~8 号罩杯的 8 款文胸，即保持 8 款文胸基本参数及罩杯总省量不变，只改变罩杯各处的省量。

表 7-14　文胸结构参数

单位：cm

	乳点间距	心位宽	心位高	杯高	杯宽	上比围	侧比高	上杯边	钢圈内径	钢圈外长
尺寸	17.7	1.7	4	13.5	20	17.5	9	15.5	12.5	21.5

　　④ 制作 8 款文胸。

　　本研究根据表 7-13 中省量的不同分配方式设计制作了 8 款文胸，文胸的其他结构参数如表 7-14 所示。

（二）改进后的文胸塑形效果评价

1. 文胸的主要改进点及作用

由于不同年龄段女性体形各不相同，而不同体形的人群对所穿文胸的塑形要求也是有所不同的，主要表现在对罩杯结构的要求上，因此，本次罩杯结构的改进设计主要在罩杯基础纸样上对省量进行了重新分配和调整，省量的依据为 75B 标准人台的胸部基础省量。该方法能根据不同的人群及不同的胸部形态有针对性地进行文胸的结构设计，从而使文胸达到舒适、合体及可塑形的标准。

2. 文胸穿着的实测结果与讨论

（1）实测方法

从前述人体测量的样本中，选取年龄在 26~35 岁穿着 75B 文胸的青年女性 10 名进行穿着测量。测量指标包括能直接反映文胸塑形效果的乳点高度和两乳点间的距离，同时还测量了能在一定程度上反映乳房形态变化的乳房深度值和乳房外表面弧长值。这四个指标基本能直接或间接反映穿着文胸后乳房形态的变化。

塑形文胸的主要功能为收拢和抬高胸部，这也是穿着文胸后胸部形态发生变化的最直观的反映。为了获得胸部抬高量和乳房收拢的量值，需要计算 10 位女性穿着文胸后与穿着文胸前各指标测量值的差值，尤其是对能直接反映塑形效果的乳点间距和乳点高两个指标的测量和计算。对同样的穿着者来说，穿着文胸前后乳点间距测量值差值绝对值越大，说明文胸对乳房的收拢作用越明显，塑形效果也越好，因此这里将塑形后与塑形前测量值的差值设为塑形效果值。从塑形效果值的大小可看出各款文胸穿着上的差异。

（2）测量结果与讨论

① 测量值的计算及比较（表 7-15）。

本研究主要从乳点间距和乳点高两个方面来研究罩杯省量的分配对塑形效果的影响。表 7-15 为 8 款文胸穿着后测量均值与穿着前测量均值的差值。从表中可以看出，乳点间距的变化都为负值，说明这 8 款文胸都起到了收拢胸部的作用，但 8 款文胸乳点间距在穿着文胸前后的差值各不相同，且它们之间的差异较为明显，说明各款文胸的收拢功能存在较大的差异，因此有必要对乳点间距做进一步分析。乳点高的变化值中正负值均存在，因此从总体不能看出其抬高的效果，还需要进一步分析。另外，乳房深度的变化都为正值，说明穿着文胸后乳房深度都有所增加，因此乳房形态更加挺立，但各款之间变化值的差别并不明显。乳房外表面弧长差异不大，且都是正值，说明穿着文胸后乳房更加丰满，因此乳房外表面弧长都有所增加，同样，增加的量值差别不大。

表 7-15　文胸穿着塑形效果的测量均值（塑形后测量均值−塑形前测量均值）

罩杯编号	省道分配/°			测量项目/cm			
	β_1	β_2	β_3	乳点高	乳点间距	乳房深度	乳房外表面弧长
1	12.2	18.0	47.0	0.38	-2.2	0.89	0.73
2	20.0	10.2	47.0	0.63	-3.62	0.93	0.54
3	20.0	18.0	39.2	-0.53	-2.02	1.02	0.66
4	17.4	15.4	44.4	-0.31	-4.16	0.97	0.62
5	14.0	16.2	47.0	0.16	-2.78	0.76	0.58
6	18.2	12.0	47.0	-0.22	-3.83	0.82	0.44
7	14.0	18.0	45.2	0.06	-2.08	0.91	0.70
8	20.0	12.0	41.0	-0.23	-3.62	0.71	0.52

② 省量与塑形效果的相关分析。

为了确定省量与塑形效果的关系，这里采用 SPSS 数据处理软件进行各省量与塑形效果值之间的相关分析。做相关分析前，需要对省量和塑形效果值作散点图，以便较直观地观察二者之间是否存在一定的线性相关性。

a. 散点图。

图 7-49 至图 7-54 为不同省量与不同测量指标塑形效果值之间关系的散点图。图中横轴方向为塑形效果值，纵轴为各省量值。

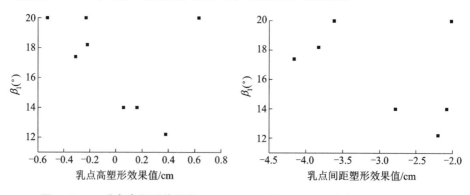

图 7-49　β_1-乳点高塑形效果值　　　　图 7-50　β_1-乳点间距塑形效果值

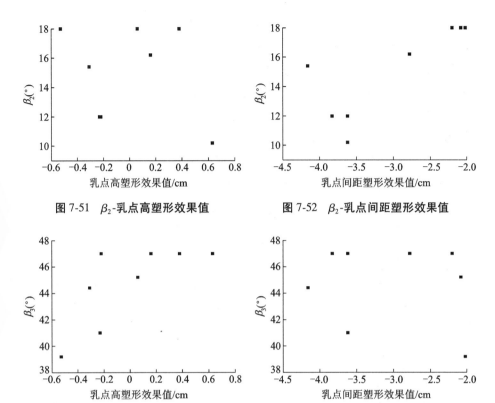

图 7-51　β_2-乳点高塑形效果值　　　　图 7-52　β_2-乳点间距塑形效果值

图 7-53　β_3-乳点高塑形效果值　　　　图 7-54　β_3-乳点间距塑形效果值

图 7-49 与图 7-50 中 β_1 与塑形效果值之间关系的散点图显示，图中的点都分到了三个区域，即左上、右上及右下三个区域，说明 β_1 与乳点高及乳点间距塑形效果之间的关系不明确。图 7-51 中点的分布也在三个区域，而图 7-52 中的点分布在两个区域，即左下及右上部分，显示出 β_2 与乳点间距之间存在一定的关系。图 7-53 中的点也分布在两个区域，即左侧和右上部分，而图 7-54 中的点则又分布在三个区域，即左侧、右上及右下，说明 β_3 与乳点间距的关系不明确，与乳点高存在一定的关系。为了进一步分析变量之间的相关性，下面进行有关变量之间的相关分析。

b. 相关分析。

通过相关分析得到如表 7-16 所示的相关系数表。

从表 7-16 中可看出，β_1 与乳点高塑形效果值的 Pearson 相关系数为 -0.382，呈负相关；与乳点间距塑形效果值的相关系数为 -0.465，呈负相关，相关性均不够显著。β_2 与乳点高塑形效果值之间的 Pearson 相关系数为 -0.220，呈负相关，相关性不显著；与乳点间距塑形效果值之间的 Pearson

相关系数为 0.746，呈正相关，相关性较显著。β_3 与乳点高塑形效果值的 Pearson 相关系数为 0.734，呈正相关，相关性较显著；与乳点间距塑形效果值之间的 Pearson 相关系数为 -0.147，呈负相关，相关性不显著。从以上分析可知，省道角度的量值与塑形效果值之间存在一定的相关性，且 β_2 与乳点间距塑形效果值的显著性水平 P 值为 0.034，β_3 与乳点高塑形效果值的显著性水平 P 值为 0.038，二者均小于 0.05，其他 P 值均大于 0.05，说明 β_2 与乳点间距塑形效果值、β_3 与乳点高塑形效果值之间均存在一定的线性相关性，可对其进一步做回归分析。

表 7-16　相关系数表

		β_1	β_2	β_3	乳点高	乳点间距
β_1	皮尔逊系数	1	-0.644	-0.555	-0.382	-0.465
	双侧检验 P 值		0.085	0.153	0.350	0.245
	有效样本量	8	8	8	8	8
β_2	皮尔逊系数	-0.644	1	-0.182	-0.220	0.746(＊)
	双侧检验 P 值	0.085		0.666	0.601	0.034
	有效样本量	8	8	8	8	8
β_3	皮尔逊系数	-0.555	-0.182	1	0.734(＊)	-0.147
	双侧检验 P 值	0.153	0.666		0.038	0.728
	有效样本量	8	8	8	8	8
乳点高	皮尔逊系数	-0.382	-0.220	0.734(＊)	1	0.145
	双侧检验 P 值	0.350	0.601	0.038		0.733
	有效样本量	8	8	8	8	8
乳点间距	皮尔逊系数	-0.465	0.746(＊)	-0.147	0.145	1
	双侧检验 P 值	0.245	0.034	0.728	0.733	
	有效样本量	8	8	8	8	8

＊：95% 的概率下相关性显著。

c. 线性回归分析。

利用线性回归分析得到 β_2 与乳点间距塑形效果值之间的回归模型系数，如表 7-17 所示。

表 7-17　回归模型系数表

模型		非标准化系数		标准化系数	t	显著性
		回归系数	标准误差	回归系数		
1	（常量）	−6.012	1.117		−5.382	0.002
	β_2	0.201	0.073	0.746	2.742	0.034

得到乳点间距塑形效果值与 β_2 之间的回归模型如下式所示：

$$V_W = 0.201\beta_2 - 6.012$$

式中，V_W 为乳点间距塑形效果值。

由于 8 件文胸穿着后乳点间距的塑形效果值均为负值，且绝对值大的则塑形效果好，因此 β_2 与塑形效果成反向相关，即 β_2 越小，塑形效果越好。

β_3 与乳点高塑形效果值之间的回归模型系数如表 7-18 所示。

表 7-18　回归模型系数表

模型		非标准化系数		标准化系数	t	显著性
		回归系数	标准误差	回归系数		
1	（常量）	−4.160	1.574		−2.643	0.038
	β_3	0.093	0.035	0.734	2.644	0.038

得到乳点高塑形效果值与 β_3 之间的回归模型如下式所示：

$$V_H = 0.093\beta_3 - 4.16$$

式中，V_H 为乳点高塑形效果值。

从回归模型可看出，β_3 越大，乳点高的塑形效果也越好。

通过以上两个回归方程可知，β_2 与乳点间距塑形效果值呈正相关，而与乳点间距的塑形效果呈负相关；β_3 与乳点高塑形效果值呈负相关，与乳点高的塑形效果也呈正相关。因此当 β_2 减小、β_3 增大时，乳点高与乳点间距的塑形效果都得到了改善。即当 β_2 最小、β_3 最大时塑形效果最好。在所设计的 8 款文胸中，第 2 款满足这一条件，此时 $\beta_2 = 10.2°$，$\beta_3 = 47°$，说明在三片式文胸中，将腰省保持为基本省量，松量全部加放在乳沟省时，塑形效果最好。此时，乳点高的塑形效果值为 0.211，乳点间距的塑形效果值为 −3.962。

（三）对文胸改进设计的简短结论

在对文胸罩杯进行改进设计的过程中，设计师们对两个不同年龄段（18~25 岁，26~35 岁）的女性人体进行了测量，建立了胸部形态特征指标的回归模型，对已有的 18~25 岁的未婚青年女性的胸部数学模型进行了验证，发现该模型也适用于 26~35 岁的已婚育青年女性，于是在此基础上对 26~35 岁已婚育青年女性的胸部省量进行了计算。根据不同省量分配设计制作了 8 款文胸，并进行了实际穿着效果的测量。

第一，通过对两个群体形态指标的测量分析可知：在高度指标中，能直观反映乳房高低的乳点高值及乳根点高值都随着年龄的增加有所下降。参照胸身比值（乳高/身高），18~25 岁女性为 0.71，而 26~35 岁女性为 0.708，说明随着年龄的增加，乳房有下垂倾向。在宽度指标中，能直观反映乳房形态和位置的乳点间距和乳根距的值随年龄的增加有适当增大的趋势。参照胸径比值（乳点间距/胸宽），18~25 岁女性为 0.664，而 26~35 岁女性为 0.693，说明随着年龄的增加，乳房有外开的倾向。在围度指标中，随着年龄的增加，胸围、上胸围及下胸围都有不同程度的增加，且上下胸围差也随着增大，说明婚育后的青年女性胸部变大。在长度指标中，上罩杯长、下罩杯长、乳房根围弧长、乳房表面弧长都能直观反映出乳房形态，通过测量结果可看出，随着年龄的增加，这些指标都有所增大，说明 26~35 岁女性胸部变大。在厚度指标中，胸厚、下胸厚及腰厚随着年龄的增加都有不同程度的增大。参照胸腰厚比值（胸厚/腰厚），18~25 岁女性为 1.223，而 26~35 岁女性为 1.229，说明婚育后的青年女性体形变得更丰满。

第二，鉴于已婚生育女性的塑形变得更为重要，所以着重建立了 26~35 岁已婚育青年女性胸部的回归模型。

$$L_{下} = 0.762\Delta_B - 0.089W + 0.080P_B - 1.635$$

$$L_{下S} = 0.446L_B - 0.199W + 0.191P_B - 0.436\Delta_B - 27.55$$

$$L_{上} = 0.499L_C + 0.254W + 0.159P_B - 8.294$$

$$L_{上S} = 0.636L_C - 0.252W$$

$$L_{外S} = 0.208P_B - 0.271L_C + 0.084L_B$$

$$H_B = 0.418\Delta_B + 0.066W + 0.037L_B - 0.037L_C - 5.968$$

$$W_e = 0.667W - 0.223P_B - 0.146\Delta_B - 4.012$$

第三，对乳房形态的数学模型进行了相关的验证，并通过分析可知，18~25 岁的未婚青年女性的胸部数学模型对 26~35 岁已婚育青年女性同样是适用的。

第四，对年龄在 26~35 岁的青年女性胸部省量进行了推导计算，得出其胸部总省量为 81°，与实测结果较为接近。针对该年龄段的女性，通过实测省量的重新分配设计，共设计与制作了 8 款文胸，并对 8 款文胸的塑形效果进行了测量、比较和分析，得出在三片式文胸省量的分配设计中，2 号文胸的塑形效果最好，此时胸部省量的减少量全放在 β_2 处，使 $\beta_1 = 20°$，$\beta_2 = 10.2°$，$\beta_3 = 47°$。

因此，对于所测地区 26~35 岁的青年女性来说，其所穿着的 75B 文胸的主要结构参数应调整为：

① 罩杯角度：乳沟省 20°，胸省 10.2°，腰省 47°；

② 罩杯大小：杯高 13.5 cm，杯宽 20 cm；

③ 乳点间距：17.7 cm；

④ 心位宽：1.7 cm。

一般结构参数如下：

① 位高：4 cm；

② 上比围：17.5 cm；

③ 比高：9 cm；

④ 上杯边：15.5 cm；

⑤ 圈规格：钢圈内径 12.5 cm，钢圈外长 21.5 cm。

七、塑形功能文胸的舒适性表征

塑形内衣穿着时紧密贴合人体，所以又有"人体第二皮肤"之称。为了达到塑形的目的，塑形内衣在材料上经常会选用尼龙、氨纶等化学纤维面料和辅料，尤其是文胸的肩带、侧片及罩杯等部位的设计，对材料的弹性及强力的要求都较高；同时，配合塑形内衣的结构设计，通过力的作用来达到抬高、支撑和束紧身体的目的。因此，塑形内衣在调节人体形态的同时，其穿着舒适性显得尤为重要。在塑形内衣的各类舒适性指标中，对人体影响最大的是压力舒适性，它会直接影响到人体的日常生活、人体正常的生理活动，甚至身体健康。除了压力舒适性外，其他舒适性如接触舒适性、热湿舒适性等也会对人体产生一定的影响。因此，研究塑形内衣的舒适性对完善内衣设计理念、增强内衣的品牌竞争力有重要意义。

（一）压力舒适性的主观评价

1. 评价方案

压力舒适性的主观评价主要采用了问卷调查的方式，重点对文胸压力舒适性的影响因素以及受影响的程度进行了分析和研究，在此基础上测量和分析了文胸的穿着感觉，并进一步验证了影响文胸压力舒适性的因素。

（1）询问评价

① 询问的标尺。目前，在有关服装舒适性的研究中，心理学标尺是用于主观评价中测量舒适性的一种常用方法。本次研究使用了 5 级心理学标尺，如图 7-55 所示。该标尺主要用于问卷调查中对穿着者对文胸的穿着要求、在穿着测量实验中所产生的压力感与不舒适感的测量。标尺中 1 对应于最弱（或否定）的感受（或回答），5 对应于最强（或肯定）的感受（或回答）。所有被调查者及被测者均以该标尺为依据，对相关问题及穿着感觉在标尺上做出标记进行回答。

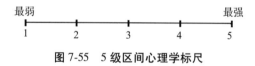

图 7-55　5 级区间心理学标尺

② 询问表。本次问卷调表共包含四个方面的内容，一是穿着者个人特点及文胸穿着习惯，二是穿着者本人对文胸的基本认识和了解，三是穿着者在文胸穿着过程中的常见问题及对文胸的基本要求，四是对文胸穿着舒适性、美观性等影响因素的态度。被调查者只需在 5 级标尺上按要求做出标记。因此，调查结果均量值化，这样更能客观准确地表达穿着者的感受。

③ 调查对象。本次问卷调查主要在江苏省南部地区进行，问卷发放对象为年龄在 18~35 岁之间的高校女大学生、研究生及部分社会青年。问卷发放总量为 300 份，经过筛选共获得有效问卷 268 份，有效回收率为 89.3%，可认为该结果是可信的。

（2）穿着舒适性的测量

① 样衣选择及测量点。在进行穿着测量时，选择号型为 75B 的文胸，要求穿着者对在穿着过程中指定的各测量点的感觉进行表达与评价，并在标尺上做相应的标记。测量点如图 7-56 所示。

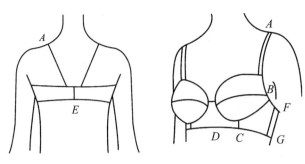

图 7-56　文胸压力测量点

注：*A* 点为肩带最高点；*B* 点为钢圈外端点；*C* 点为前侧片（侧比）前侧最低点；*D* 点为鸡心最低点 ；*E* 点为后背中点；*F* 点为前、后侧片（侧、后比）连接处最高点；*G* 点为前、后侧片（侧、后比）连接处最低点。

② 模特选择。从进行问卷调查的 300 名青年女性中选择适合穿着 75B 文胸的穿着者 10 名作为实验模特，让她们对文胸穿着压力感与不舒适感进行主观评价。实验要求所有模特分别在上肢自然下垂、上肢侧平举、上肢上举三种状态下对压力感与不舒适感进行评价，且要求所有模特在整个实验中均保持直立和自然呼吸状态。穿着实验在温度为 20 ℃、湿度为（65±2)％的安静环境中进行。

2. 结果与讨论

（1）穿着者个人心理需求对文胸穿着舒适性的影响

穿着者个人心理需求对文胸穿着舒适性的影响如图 7-57 所示。

从图 7-57 中可看出问卷调查中文胸有关指标的得分情况。这些指标主要包括三个方面，即文胸的穿着性能（以 Y_1、Y_2、Y_3、Y_4、Y_5 表示的 Y 系列，共 5 个指标）、文胸功能（以 X_1、X_2、X_3、X_4、X_5 表示的 X 系列，共 5 个指标）、文胸自身的特点（以 Z_1、Z_2、Z_3、Z_4 表示 Z 系列，共 4 个指标）。

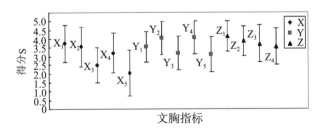

图 7-57　文胸指标与得分的关系

图 7-57 中，X、Y、Z 各系列代表的意义如下：X_1——塑造胸部形态；

X_2——美化体形；X_3——表现个性；X_4——与外衣的匹配性；X_5——外穿性能；Y_1——妨碍人体运动；Y_2——穿着稳定；Y_3——穿脱方便；Y_4——安全性及健康性；Y_5——经久耐穿；Z_1——尺寸；Z_2——松紧度；Z_3——肩带性能；Z_4——罩杯性能。

① 穿着者对文胸功能的期望对穿着舒适性的影响。如图 7-57 所示，从 X 系列中可看出文胸各功能得分的情况，说明女性对文胸的不同功能有不同的要求。具体来说，女性最看重的文胸功能是塑造胸部形态（X_1）和美化体形（X_2），其次则是与外衣的匹配性（X_4），而对功能要求最低的则是表现个性（X_3）和外穿性能（X_5）。从调查结果可以看出，当文胸的功能不能满足"美化体形"的需要时，穿着者将会产生不满意感。

② 穿着者对文胸穿着性能的期望对穿着舒适性的影响。通过对文胸穿着状态及性能的调查，发现罩杯上移及肩带滑落现象常有发生，而该现象正是文胸穿着安全性和稳定性的重要影响因素。图 7-57 显示，穿着者对穿着的健康性、安全性及文胸穿着稳定性要求都很高，说明文胸穿着的移位现象已对穿着者产生了较大的影响，即文胸穿着的不稳定性让其具有不安全感，从而形成心理上的不舒适感。肩带滑落除了与文胸结构有关外，还与材料的弹性性能相关，而罩杯上移则与罩杯结构、钢圈及下扒等有很大关系。另外，图 7-57 也显示，穿着者对其他穿着性能的重视程度也较高，如穿脱方便性、运动方便性、经久耐用性等。

（2）文胸自身特性对穿着舒适性的影响

① 文胸自身结构、尺寸的影响。通过对穿着者所穿文胸号型是否与自身胸围尺寸一致的调查发现，43%的女性选择保持二者大小一致，但有28%的女性则会时大时小，具有不确定性。从图 7-57 中也能看出，穿着者对文胸尺寸（Z_1）、松紧度（Z_2）的要求很高，且对肩带性能（Z_3）及罩杯性能（Z_4）的要求也较高，说明文胸的结构尺寸对穿着舒适性具有较重要的影响。由于文胸穿着时紧密贴合人体，若文胸尺寸大小不合适或结构设计不合理均会造成穿着的不合体而引起身体的不适，因此文胸的结构尺寸也是影响其穿着舒适性的一个重要因素。

② 文胸材料的影响。从图 7-57 中还可以看出，穿着者对肩带性能（Z_3）及罩杯性能（Z_4）比较重视。在关于文胸材料的调查中，穿着者对文胸材料的重视程度很高，得分值为 4.03，且对肩带材料的弹性性能要求也较高，得分为 3.72，说明文胸材料及肩带的弹性性能比较受到穿着者的重视。同时，研究中还对文胸材料的厚度进行了调查，结果显示，大部分

人会根据季节的变化来选择不同厚度的文胸，说明文胸材料的厚度也是穿着者关注的一个重要方面。由上所述，文胸材料的种类、弹性性能及厚度均会对文胸的吸湿性、透气性及力学性能产生重要影响，从而影响人体的穿着舒适性。

（3）影响文胸压力舒适性的因素分析

① 穿着者穿着习惯的影响。研究中对穿着者的穿着习惯进行了调查，结果显示，部分穿着者习惯于长时间（每天穿着时间在 18 小时以上）穿着文胸，她们对文胸在不同部位产生的压力差异感觉并不明显，这部分人占了总数的 58.3%。另有一部分穿着者则习惯于穿着号型偏小的文胸，即文胸尺码比自身胸围尺寸小，这部分人占了 64.3%，而她们对压力差异的感觉较为明显，说明穿着文胸的尺寸习惯以及文胸穿着时间的长短习惯都会影响人体对压力的感觉程度。

② 穿着状态对舒适性的影响。图 7-57 显示，穿着者对文胸的运动方便性重视程度很高，这一方面是因为人体运动时容易发生罩杯上移和肩带滑落的情况，另一方面，运动时压力大小也会发生变化，这二者均能导致人体各部位的压力及压力感发生变化，引起人体不适。也有资料显示，在运动状态和静止状态下文胸穿着产生的压力大小是不同的。可见穿着者的运动状态对压力是有很大影响的。

③ 文胸的尺寸、结构及材料弹性性能的影响。前面已经阐述，文胸的尺寸、结构及弹性性能不合适均会引起人体的不适，这种不舒适的感觉主要是由文胸的合身性差及文胸对人体产生的压力造成的。因此，可认为上述三者也是影响文胸压力舒适性的重要因素。

（4）对文胸压力舒适性影响因素的验证

① 文胸侧片长度对压力感的影响。图 7-58 中 L_{min} 及 L_{max} 分别表示后侧片长度的最小值及最大值。图 7-58 中的（a）与（b）、（c）与（d）、（e）与（f）分别显示在三种运动状态（上肢自然下垂、上肢侧平举、上肢竖直上举）下文胸后侧片长度与各点压力感的关系。（a）、（c）、（e）为压力感与后侧片长度的变化关系图，（b）、（d）、（f）为在三种不同运动状态下各自的总体压力感回归线。从图（a）、（c）、（e）中可以看出，后侧片越长，各点的压力感觉值越小，说明后侧片长度与压力感成反向关系。而（b）、（d）、（f）则是拟合线，是根据三种不同状态下所测得的值作出的，该图也显示出后侧片长度与压力感成反向关系。

② 运动状态对压力感的影响。从图 7-59（a）和（b）中可以看出后

侧片长度发生变化时上肢运动状态与压力感的关系，即在后侧片长度一定时，压力感会随着上肢运动幅度的增加而相应增加，二者表现出正向关系。这是因为上肢运动幅度增大时，背部皮肤伸长变形而改变了施加在人体上的力。

比较图 7-59 中（a）和（b），发现二者之间也存在一定的差异。（a）表示后侧片最长时压力感与上肢运动的关系。从图中可知，所有运动状态中压力感最强的点是 C 点，最弱的点则是 D 点。（b）则表示后侧片长度最短时压力感与上肢运动的关系。图中也能看出，在上肢的所有运动状态中压力感最强的点仍然是 C 点，而最弱的点则是 B 点。据此可推断 C 点是所有运动状态中压力感最为强烈的点，因此也是受到后侧片长度变化及运动状态影响最为显著的点。这与前述的结论是一致的。

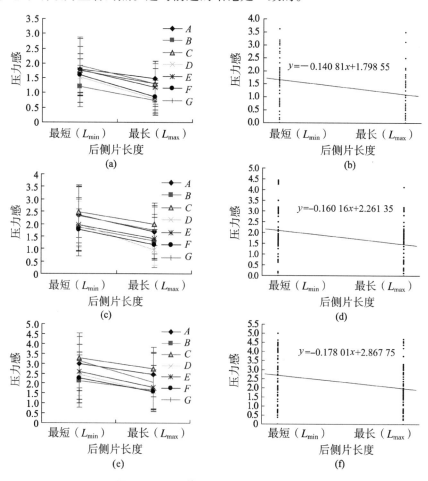

图 7-58　后侧片长度与压力感的相关性

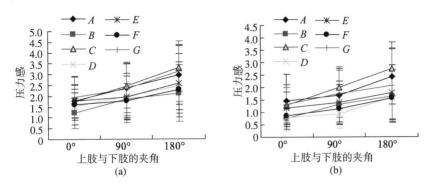

图 7-59　运动状态与压力感的相关性

注：图 7-59 的（a）和（b）中，0°、90°、180°分别表示自然站立（上肢自然下垂站立）、上肢侧平举站立、上肢上举站立三种运动状态时上肢与躯干部分所成的角度。

③ 总体压力感与总体不舒适感的关系。二者关系如图 7-60 所示。在后侧片长度最长的系列中，随着上肢运动幅度的增加，总体压力感也随之增加，与此同时不舒适感也增加，二者之间成正向关系；而在后侧片长度最短的系列中，也能看出相应的规律，即总体压力感与总体不舒适感之间呈现出一种正向关系。因此可以推测，影响总体压力感的因素也会影响人体的总体不舒适感，从而也会影响到文胸穿着的压力舒适性。

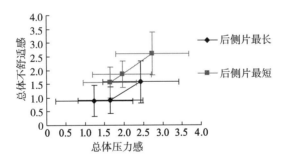

图 7-60　总体压力感与不舒适感的关系

注：图中"后侧片最长"是指文胸穿着时扣钩固定在最外的位置，"后侧片最短"是指文胸穿着时扣钩固定在最内的位置

（二）压力舒适性的客观评价

1. 评价方案

压力舒适性的客观评价首先采用服装压力测量系统对文胸不同部位的客观压力值进行测量，并分析其在不同运动状态下各点的客观压力值变化，同时也对文胸穿着的稳定性进行测量，并对穿着产生的压痕进行观察。

（1）测量系统

测量系统由 Flexiforce 传感器、数据采集器组成。Flexiforce 传感器由两层薄膜构成，每层薄膜上均铺设有银质导体，其上涂有一层压敏涂层，银质导体从传感点处延伸到传感器连接端，将两片薄膜压合在一起则形成Flexiforce 传感器。该传感器线性误差<±5%，重复性<±2.5%，传感器厚度仅为 0.127 mm，柔韧性很强，能够测几乎所有接触面之间的压力，且由于其面积小（传感面直径 9.53 mm），因此适合于测量服装压力。

（2）测量部位

测量部位如图 7-56 所示，与主观压力舒适性的测量部位相同。

（3）实验样衣与实验模特

实验样衣、实验模特均与主观压力测量中所选样衣和模特相同。实验中所有模特均要求分别在上肢自然下垂、上肢侧平举、上肢上举这三种运动状态下以及文胸后钩扣分别固定在最外处和最内处时进行客观压力的测量。整个实验过程中模特均被要求保持直立和自然呼吸状态。

样衣穿着测量在温度为 20 ℃、湿度为（65±2）%的安静环境中进行。

2. 结果与分析

（1）侧片最长时三种运动状态下的压力分布

侧片最长时，上肢自然下垂、上肢侧平举、上肢上举这三种运动状态下的压力分布如图 7-61 所示。

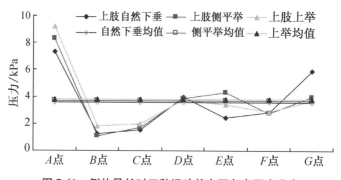

图 7-61　侧片最长时三种运动状态下各点压力分布

图 7-61 显示，总体来看，三种运动状态下，A 点（即肩带最高点）压力值最大，B 点（即钢圈外端点处）压力值最小。A 点处随着上肢的上举，压力值逐渐增大，说明在手臂上举的过程中人体背部皮肤拉伸变长，肩带也随之受到拉伸作用，使得 A 点处压力值增大。B 点、C 点（前侧片前侧最低点）、D 点（前心片最低点）及 F 点（前侧片后部最高点）四点在上

肢从侧平举到上举时压力值变化不大，说明上肢运动对该四点影响不大。*E* 点（后背中点）在上肢侧平举时压力值突然增大，说明上肢在侧平举时由于上肢的运动导致背部皮肤变形，使背中心处文胸与人体接触变得紧密；而当上肢上举时该点的压力值又有所下降，但仍然比手臂自然下垂状态下要大一些，说明手臂上举时背部皮肤变形方向发生变化导致该点的受力发生变化。

从图 7-61 还可看出，侧片最长时，三种运动状态下各自的压力测量均值差别很小，即动作对总体测量均值影响不大。

（2）侧片最短时三种运动状态下的压力分布

图 7-62 显示了文胸侧片最短时三种状态下的压力分布情况，与侧片最长时的状态比较，各点处压力的变化规律基本一致，说明在运动状态一致时，文胸侧片长度的变化并不改变各点处的压力分布规律。从图 7-62 也可看出，侧片最短时，三种运动状态下各自的压力测量均值几乎一致，说明动作对总体测量均值影响不大。

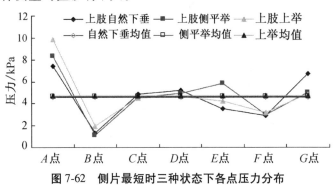

图 7-62　侧片最短时三种状态下各点压力分布

（3）上肢自然下垂时不同侧片长度下的压力分布

上肢自然下垂时不同侧片长度下的压力分布如图 7-63 所示。

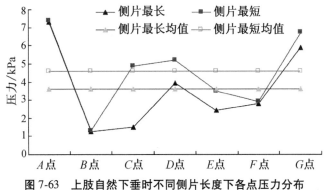

图 7-63　上肢自然下垂时不同侧片长度下各点压力分布

从图 7-63 中可以看出，上肢自然下垂时，两种侧片长度状态下 A 点、B 点及 F 点处的压力值几乎不发生变化，说明侧片长度变化对肩带最高点、钢圈外端点及前侧片后部最高点影响不大。而 C 点、D 点、E 点、G 点则随着侧片长度减小压力值明显增大，且 C 点处的增加值最大。这是因为侧片长度变短使得文胸在下胸围处的围度变小，因此在侧片、前心片、后背处的相关点压力值都增大，尤其是增大了下缘部位的压力值。

（4）上肢侧平举时不同侧片长度下的压力分布

图 7-64 显示了在上肢侧平举时，不同侧片长度下各点处的压力值变化规律，与图 7-63 相比（即与上肢自然下垂状态下相比），各点压力值变化规律基本一致，说明在侧片长度不变时，运动状态的改变不改变各点的压力变化规律。

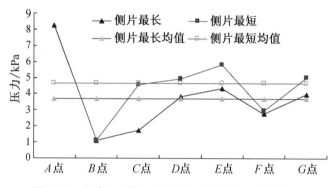

图 7-64　上肢侧平举时不同侧片长度下各点压力分布

（5）上肢上举时不同侧片长度下的压力分布

图 7-65 显示了在上肢上举时不同侧片长度下各点处的压力变化规律，与图 7-63、图 7-64 中的各点压力变化规律基本一致。

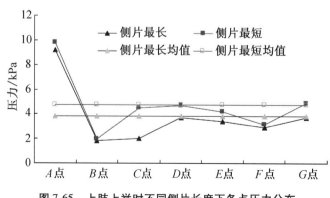

图 7-65　上肢上举时不同侧片长度下各点压力分布

从图 7-63、图 7-64 和图 7-65 中还可以看出，上肢不同运动状态下，侧片长度的变化对压力均值的影响较大。

（三）主观压力与客观压力的分布比较

1. 主观压力感测量值与客观压力测量值

　　主观压力感测量值是将人体对文胸穿着的压力感觉量化后获得的数值。量化值本身是没有意义的，但在同一心理感觉标尺中，数值的大小则反映了压力感觉的强弱。因此，可通过感觉量值来比较不同点的感觉强弱。客观压力值则是通过压力系统对穿着文胸后各点产生的压力的客观测量值。测量值本身是有实际意义的，它反映了各点实际存在的客观压力，既能反映各点压力值的大小，又能反映压力值的分布。

2. 两者结果的比较与解释

　　主观压力分布与客观压力分布的比较如图 7-66 所示。本次分析比较是针对各点主观压力与客观压力分布状态进行的，二者的数值本身是没有比较意义的。

　　图 7-66 为参照主观压力感测量值及客观压力测量值作的比较图。为了看清二者分布规律，这里将所测各点主观压力感测量值扩大了 10 倍。比较各点的客观压力值及主观压力感测量值，可以发现，D 点处与其他各点明显存在差异，即 D 点处压力值偏高而压力感却偏弱，而 A、B、F、G 各点处的客观压力值的大小与主观压力感的强弱基本保持一样的变化规律，即压力值较大时压力感也强，压力值较小时压力感也弱。因此，从各点的比较看来，可以说各点的客观压力值大小与主观压力感的强弱并不完全存在正向相关的关系。这也说明人体不同部位对压力强弱的感受是不一样的。

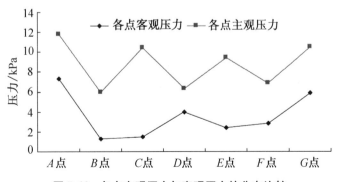

图 7-66　各点主观压力与客观压力的分布比较

3. 文胸受力及对穿着状态的影响

（1）文胸受力分析

文胸在穿着状态下，当整体受力达到平衡状态时，文胸便能处于较稳定的位置，且力的作用合适时人体才能感觉舒适。这里从整体上对肩带和罩杯做受力分析，并且只考虑其最终的受力状态。

① 肩带受力。图 7-67 为肩带受力示意图。假设肩带后部呈竖直方向紧贴人体表面，则肩带后部受力 F_1 竖直向下，而肩带前部由于人体胸部的凸起，肩带与竖直方向成 θ 夹角，设肩带前部受力为 F_2，肩带在肩部的接触点受力 F_A，则肩带上的受力存在如下关系式：

$$F_A = F_2\cos\theta + F_1$$

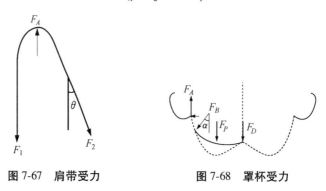

图 7-67　肩带受力　　　　　　图 7-68　罩杯受力

说明：图中下脚标 A、B、P、D 分别对应主观压力测量及客观压力测量中所对应的各点。

② 罩杯受力。罩杯受力如图 7-68 所示。

F_F 为罩杯在腋侧点所受的张力，F_B 为钢圈外端点处所受的力，假设罩杯杯面上各点受力是均匀的，设 F_P 为乳房对罩杯的力，F_D 为前中心点所受的力。则各力之间存在如下关系：

$$F_F = F_P + F_D + F_B\cos\alpha$$

（2）各点压力及合适的压力值范围

根据压力值的测量结果及穿着者的主观感受，可以分析各点合适的压力值情况，如表 7-19 所示。

从表 7-19 可以看出，A 点处所测压力最小值为 7.315 kPa，但测试中穿着者已产生了不适感，因此 A 点处的压力值应小于该值。进一步对肩带长度进行调节后测量其合适的压力值应小于 5.283 kPa。

表7-19　各点压力及合适的压力值

单位：kPa

测量点	压力范围	合适的压力范围	肩带和罩杯保持稳定的压力范围	与主观感觉的一致性及差异性
A	7.315~9.836	<5.283	>2.163	较一致
B	1.075~1.953	1.075~1.953	>1.125	较一致
C	1.508~4.887	1.508~1.993	>1.688	一致性不明显
D	3.729~5.186	3.729~5.186	>4.239	差异性较明显
E	2.446~5.816	2.446~3.508	>2.576	一致性不明显
F	2.808~3.163	2.808~3.163	>2.891	较一致
G	3.683~6.753	3.686~4.857	>3.695	较一致

B点处的压力感较弱，在所有状态中，B点处所测得的压力值范围为1.075~1.953 kPa，此时穿着者仍没有不适的感觉，因此该压力范围是合适的。

在压力舒适性的主观评价中，C点处的压力感是较强的，C点处所测得的压力值范围为1.508~4.887 kPa，当压力值达到1.993 kPa时，穿着者已出现了不适感，因此C点处的客观压力值应为1.508~1.993 kPa。

D点处的压力测量值较大，最大值为5.186 kPa，但D点处的压力感是最弱的，当压力值最大时，没有出现不适感，因此可认为3.729~5.186 kPa对D点来说是合适的。

E点处有较强的压力感，根据所测得的压力值的范围，E点处的压力应控制在2.446~3.508 kPa。

F点处的压力感一般，压力值的测量范围为2.808~3.163 kPa，此时穿着者没有产生不适感，因此可认为该范围对F点是合适的。

G点的压力感也较强，根据所测得的压力值的范围，G点处的压力值应控制在3.686~4.857 kPa。

（3）文胸材料、结构对受力及穿着状态的影响

文胸穿着时容易出现的问题为罩杯上移或肩带滑落，从对文胸的穿着调查中可知，文胸穿着时罩杯的滑移现象以及肩带的滑落问题严重困扰着穿着者并使其产生不安定的感觉，穿着上的不稳定性会导致穿着者缺乏安全感而产生心理上的不适。

肩带滑落的主要原因是肩带A点处的受力不平衡。当A点处的受力较

小或肩带离开人体而使其在 A 点处不受力时，就会出现肩带滑落现象。罩杯上移也主要是罩杯受力不平衡导致的结果。

影响文胸各点受力的因素除了人体的运动状态外，主要还有文胸的结构及文胸材料的力学性质。对肩带而言，肩带弹性使肩带在人体肩部有收紧的作用而产生作用力及摩擦力。由于人体肩斜的存在，肩带过短，易在肩部产生勒痕引起人体不适，肩带过长、肩带方向不合适或肩带弹性不合适则易在人体运动时造成肩带滑落。对罩杯而言，除了罩杯自身的结构需要与胸部形态吻合外，文胸的侧片也起了很重要的作用。侧片的弹性使文胸在围度方向上对人体有收紧的作用，并产生了压力与摩擦力。若侧片长度过短而弹性不足，则易在人体胸围处产生勒痕并引起不适，若长度过长，容易导致文胸下围过大而使罩杯离开人体。因此，在材料弹性的影响下，文胸下围长应比人体下胸围小 10 cm 左右甚至更多，这从各品牌文胸的测量值也可看出，当然，文胸减小的围度应由材料的弹性加以补足。

（四）文胸其他舒适性的主观评价

文胸作为贴身穿着的一种服装，除了压力对其舒适性有显著的影响外，穿着中同样也会使人体产生冷、热、痛、痒等感觉，因此其吸湿性、透气性、柔软性等性能也会对舒适性产生影响。

现在普遍穿着的文胸为了达到塑形的目的，大部分主要材料都是化学纤维，如罩杯多采用无弹性不易变形的尼龙材料，滑面拉架及网眼拉架多采用尼龙、氨纶材料，肩带多采用尼龙材料等。这些化学纤维材料的吸湿性、透气性等性能都远不及天然纤维材料。为了了解文胸穿着中的热湿性能、接触舒适性能等，这里主要从文胸穿着的刺扎感、柔软感、湿热感、湿冷感、闷热感、粘体感、总体舒适感觉 7 个方面对文胸进行主观测量与评价。

1. 评价方案

这里主要对模特穿着文胸在一定运动状态下的各种舒适感觉值进行测量，要求模特要形成自己的舒适感觉并进行判断，按要求在询问表上做标记或填写询问表中的相关问题。

（1）询问的标尺

在本次主观评价测量的询问表中也使用了与文胸主观压力测量实验相同的 5 级心理学标尺（图 7-55），用以判断文胸穿着过程中的各项舒适性感觉。其中 1 对应于最弱（或否定）的回答，5 对应于最强（或肯定）的回答，所有被测者及被调查者均以该标尺为依据，对相关问题及穿着感觉做出回答并进行标记。

（2）询问表

询问表主要包含了前面所述的刺扎感、柔软感、湿热感、湿冷感、闷热感、粘体感、总体舒适感觉 7 个方面的内容。根据有关资料的描述，刺扎感指人体穿着文胸时感觉到的刺扎程度；柔软感指人体穿着文胸时感觉到的柔软程度；湿热感指人体穿着文胸时感觉到的湿热程度；湿冷感指人体穿着文胸时感觉到的湿冷程度；闷热感指人体穿着文胸时感觉到的闷热程度；粘体感指人体穿着文胸时文胸粘附到人体上的感觉；总体舒适感觉指人体穿着文胸时的总体感觉。参与测量的人员要根据询问表的内容做出自己的舒适感觉判断。

（3）测量模特

选取 10 名年龄在 18~35 岁且适合穿着 75B 号型文胸的青年女性作为本次测量的模特，测量时模特穿着所选定样衣对各项舒适性进行判断和评价，并根据实验要求做出回答。

（4）样衣选择

选择与主观压力评价和客观压力测量相同的样衣共 10 件。

穿着测量实验在温度为 25℃、湿度为（65±2）% 的安静环境中进行。

（5）实验过程

测量时 10 位实验模特按事先安排好的顺序依次进入测量实验室。实验过程中每位模特除了各穿一件样衣外均要求外穿纯棉针织短袖 T 恤和纯棉针织运动裤。每位模特的测量时间为 20 min，其中前 10 min 为静坐休息时间，以适应特定的实验环境。静坐时要求实验者在自然状态下静坐在指定的椅子上保持休息或恢复休息的状态。10~15 min 为跑步运动时间。跑步运动在跑步机上进行，跑步速度定为 5 km/h。15~20 min 为停下跑步运动进行休息时间，休息时仍要求以自然状态静坐在指定的椅子上休息。每位实验模特均要求在 10 min、15 min 及 20 min 三个时间点对询问表做出主观评价回答。

2. 结果与讨论

表 7-20 所示为 10 位模特在不同时间点对各舒适性指标主观评价结果的平均值。图 7-69 为针对表 7-21 所作的各舒适感觉值的折线图。

由图 7-69 可以看出，对刺扎感而言，15 min 时与 20 min 时基本相同，但比 10 min 时的感觉值偏大。10 min 为安静状态下时间，15 min 为人体刚刚运动结束时间，20 min 时为运动后休息结束时间。这是因为人体运动时大量出汗并产生热量，体表皮肤毛孔张开，使运动时刺扎感增强，休息一段时间后刺扎感减弱。

表7-20　10位模特穿着文胸运动时不同时间点的感觉测量均值

时间点	刺扎感	柔软感	湿热感	湿冷感	闷热感	粘体感	总体感觉
10 min	2.33	2.87	2.13	0.03	2.37	0.85	2.89
15 min	2.86	2.73	3.76	0.05	3.97	3.03	2.18
20 min	2.77	2.68	2.87	0.73	3.23	2.96	2.43

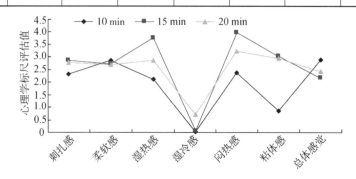

图7-69　各舒适感觉值分布

　　对柔软感而言，在10 min、15 min、20 min三个时间点几乎不发生变化，说明人体运动对文胸柔软感影响不大。

　　对湿热感来说，在三个时间点变化较大。10 min时为人体休息结束时间，在25 ℃的实验环境中有一定的湿热感；到15 min时，人体运动结束，此时人体大量出汗，人体也产生了大量的热量，因此湿热感增加很明显；到20 min时，人体已休息了一段时间，热量已部分散失，因此湿热感减弱，但仍比静态时要强。

　　对湿冷感来说，10 min静坐结束时在所实验环境中几乎没有湿冷的感觉；15 min运动结束时人体大量产生热量，湿冷感也很低弱，几乎没有；但当20 min人体运动后休息结束时，汗液蒸发带走了人体内的部分热量，因此产生了一定的湿冷感。

　　对闷热感来说，人体在10 min时的安静状态下，在所处的实验环境中闷热感并不强；但在15 min运动结束时，闷热感觉值明显上升，闷热感很强烈，这是因为运动使人体大量产生热量，但由于热量得不到及时散失，因此人体产生较强的闷热感；在20 min休息结束时，闷热感觉值降低，但仍比安静状态下的闷热感觉要强烈，因为人体在运动结束后的休息过程中热量逐渐得到了散失，闷热感也逐渐降低。

对粘体感而言，在 10 min 安静状态时，粘体感觉较弱；在 15 min 运动结束时，粘体感突然增强，这是因为人体运动后出汗，汗液附着在文胸上不能及时蒸发，使文胸粘在人体上产生了不适感；在 20 min 时的运动后短时间休息结束时，随着汗液的蒸发，粘体感有所下降，但下降不明显。

对于总体感觉来说，人体在还未运动的安静状态下的舒适感是最强的；在 15 min 的运动结束时，随着人体大量产生热量及出汗，人体舒适感下降；但在 20 min 时的短时间休息后，随着热量的散失及汗液的蒸发，总体舒适感又有所增加。

人在运动过程中文胸的压迫舒适性也是变差的，这是因为运动中和运动结束时，人体血液流动和肌肉膨胀增大，使压迫感增强，且文胸织物吸湿后增厚和收缩会导致文胸变小、变紧，也会使压迫感增强。

（五）简短的结论

通过对文胸压力舒适性进行主观测量与评价、客观测量与评价，并对二者进行比较和分析，同时对部分接触舒适性和热湿舒适性进行主观测量与评价，得到如下结论：

第一，影响文胸压力舒适性的因素除了文胸的结构、尺寸和材料的弹性，还包括穿着者本人对文胸功能的期望、文胸的穿着性能、穿着者的穿着习惯、文胸的穿着状态等。主要表现有：由于文胸在穿着过程中容易出现罩杯上移、肩带滑落等不稳定现象，导致穿着者安全感的缺失；穿着者对文胸塑形功能的要求很强烈，当文胸塑形功能减弱或不能满足要求时，穿着者便会产生不满意感；文胸自身的特点如结构、尺寸及材料不合适会导致穿着者生理上的不适，从而影响其穿着舒适性。

文胸穿着时罩杯上移、肩带滑落的问题主要与两个方面有关，一是文胸的结构参数，主要是肩带的长度及侧片长度。肩带过长及侧片过长都易引起肩带和罩杯的滑移现象，最简单的方法即通过调节肩带长度和侧片的长度来解决该问题，但这不是从根本上解决该问题的办法。因为人体经常处于动态中，体表皮肤容易变形，而肩带和侧片长度变短均会对人体造成束缚而使人体产生不舒适感。因此从这种意义来说，文胸的结构参数并不是影响文胸穿着稳定性的主要因素，其主要的影响因素应在于第二个方面，即材料的特征，包括材料的力学性能、物理性能等。人体运动时，皮肤的弹性是导致人体具有极好的运动跟随性的原因，因此在文胸肩带及侧片所用材料中，材料的弹性性能是主要的方面，故应在满足表 7-19 中所测各点合适的压力值范围的前提下测量并研究织物的力学变形及弹性模量，同时研究皮肤的弹性变形及模量，使二者能合理配伍。最理想的状态为通过研究使所设计的织物弹性性能与皮肤弹性性能保持一致，由该织物制成的文胸便能具备较好的运动跟随性而不会发生肩带滑落和罩杯上移的现象。

第二，获得了文胸穿着稳定的各点压力的临界值，即 A 点为 2.163 kPa，B 点为 1.125 kPa，C 点为 1.688 kPa，D 点为 4.239 kPa，E 点为 2.576 kPa，F 点为 2.891 kPa，G 点为 3.695 kPa。

第三，对文胸压力的主观测量和客观测量的结果进行了比较和研究，从压力的主观评价、客观评价来看，各点的客观压力大小与主观压力感的强弱并不存在正向相关的关系。这也说明人体不同部位对压力的感受是不一致的。同时，通过主观测量和客观测量分析了各点的压力舒适性情况：A 点合适的压力应小于 5.283 kPa，该点客观压力变化与主观压力感较为一致；B 点合适的压力为 1.075~1.953 kPa，与压力感也较为一致；C 点合适的压力为 1.508~1.993 kPa，与压力感的变化一致性不明显；D 点合适的压力为 3.729~5.186 kPa，与压力感的变化差异较大；E 点合适的压力为 2.446~3.508 kPa，与压力感的变化一致性也不明显；F 点合适的压力为 2.808~3.163 kPa，与压力感的变化一致性较明显；G 点合适的压力为 3.686~4.857 kPa，与压力感的变化一致性也较明显。

第四，对各点的压力大小进行了比较分析。从测量结果来看，A 点（肩带最高点）处压力值最大，且随着上肢向上运动幅度加大，该点处的压力值会明显增大，其最大值为 9.836 kPa。B 点即钢圈外端点处压力值最小，其最小值为 1.307 kPa。B 点的压力与胸部形态及胸部弹性有较大关系。测量中还发现，在所测各点中，C 点、F 点、G 点是较易发生压痕的部位，该三点处脂肪较少，弹性相对也较弱，且 F 点、G 点为硬质撑条的两端，因此易造成压痕。C 点、F 点、G 点处压力值最小时（分别为 1.508 kPa、2.808 kPa、3.686 kPa）均已产生压痕，且随着压力的增大，压痕也更为明显。压痕的产生是压力作用在人体上造成的一种生理变化，因此也可通过压痕的状态来对压力舒适性进行研究。

第五，研究发现侧片长度的变化对文胸下围处各点压力值影响较大，主要是因为当侧片长度变短时文胸围度变小，使文胸下围部分与人体的接触变紧密，尤其会增大下缘部位各点的压力值。当侧片长度不变时，上肢由自然下垂状态匀速变化到侧平举状态，再由侧平举状态匀速变化到竖直上举状态，各点压力值均发生变化，且变化规律基本一致；当上肢运动状态不变时，侧片长度的变化并不改变各点处的压力变化规律。

第六，对文胸的热湿舒适性及接触舒适性进行了主观评价。结果显示运动对文胸的湿热感、闷热感及粘体感的影响最大。随着运动的进行，这三个感觉明显增强。这主要是运动中人体大量出汗并产生热量，汗液得不到及时蒸发，热量也不能及时散发出去而导致的结果。而柔软感在运动过程中几乎保持不变，刺扎感的变化也不大。对于湿冷感来说，运动前与运动时几乎没有变化，但在运动结束并休息后，随着汗液蒸发带走体内的热量，湿冷感有所增强。

运动中和运动结束时，由于血液流动和肌肉膨胀增大，因此压迫感增强。水汽增多导致文胸织物吸湿后增厚会引起文胸变小、变紧，亦使压迫感增强。故运动中和运动结束时，文胸的舒适性是变差的。总体舒适感觉在运动结束时最差，而在运动前最好。

参考文献

［1］张志春. 中国服饰文化［M］. 2 版. 北京：中国纺织出版社，2009.

［2］陈醉. 艺术，写在人体上的百年［M］. 北京：中国文史出版社，2007.

［3］刘瑞璞，何鑫. 中华民族服饰结构图考：少数民族编［M］. 北京：中国纺织出版社，2013.

［4］袁仄. 中国服装史［M］. 北京：中国纺织出版社，2005.

［5］黄能馥，陈娟娟. 中国服饰史［M］. 上海：上海人民出版社，2004.

［6］徐清泉. 中国服饰艺术论［M］. 太原：山西教育出版社，2001.

［7］张竞琼，蔡毅. 中外服装史对览［M］. 上海：中国纺织大学出版社，2000.

［8］黄强. 中国内衣史［M］. 北京：中国纺织出版社，2008.

［9］彭浩. 楚人的纺织与服饰［M］. 武汉：湖北教育出版社，1996.

［10］罗莹. 贴心时尚——内衣设计［M］. 北京：中国纺织出版社，1999.

［11］高春明. 中国服饰名物考［M］. 上海：上海文化出版社，2001.

［12］张晶镜. 现代服装设计中性感美的研究［D］. 苏州：苏州大学，2008.

［13］鲁宾逊. 人体包装艺术：服装的性展示研究［M］. 胡月，袁泉，苏步，译. 北京：中国纺织出版社，2001.

［14］张晓黎，陈艾. 立足于性感美学的现代服装艺术研究［J］. 四川戏剧，2016（4）：110-112，122.

［15］黄思华. 在隐与显之间的相互生成——评张贤根新著《遮蔽与显露的游戏：服饰艺术与身体美学》［J］. 美与时代（下旬刊），2017（11）：100-101.

［16］许凡，阳献东. 中国女性内衣情感与艺术的文化审美研究［J］. 艺术百家，2007（4）：151-154.

［17］华梅. 华梅谈服饰文化［M］. 天津：天津人民美术出版社，2001.

［18］黄强. 从天乳运动到义乳流行：民国内衣的束放之争［J］. 时代教育，2008（18）：116-121.

［19］潘健华. 荷衣蕙带——中西方内衣文化［M］. 北京：人民美术出版社，2012.

［20］华梅，朱国新. 服饰与人生［M］. 北京：中国时代经济出版社，2010.

［21］汤献斌. 立体与平面——中西服饰文化比较［M］. 北京：中国纺织出版社，2002.

［22］沈晶照，雷馥蔓. 肚兜外穿的民族性和时尚性［J］. 艺术探索，2010，24（2）：136-137.

［23］华梅. 服饰生理学［M］. 北京：中国纺织出版社，2005.

［24］凯瑟. 服装社会心理学［M］. 李宏伟，译. 北京：中国纺织出版社，2000.

［25］李当岐. 西洋服装史［M］. 2版. 北京：高等教育出版社，2005.

［26］梁惠娥，翟晶晶，崔荣荣. 从缠足透析我国传统文化的思想要素［J］. 纺织学报，2008，29（5）：107-109.

［27］吴国智. 中国封建社会的女性美观念及"三寸金莲"［J］. 大连大学学报，2003，24（3）：41-43.

［28］刘洁. 从缠足文化透视女性的审美观［J］. 语文学刊，2010（7）：132-133.

［29］王展. 紧身胸衣——人体的束缚和人性的解放［J］. 装饰，2007（7）：102-104.

［30］曾越. 社会·身体·性别：近代中国女性图像身体的解放与禁锢［M］. 广西：广西师范大学出版社，2014.

［31］范明三. 论民族服饰的学术价值和现实效能［J］. 服装科技，1993（3）：38-43.

［32］宋兆麟. 中国原始社会史［M］. 北京：文物出版社，1983.

［33］张竞琼. 从一元到二元——近代中国服装的传承经脉［M］. 北京：中国纺织出版社，2009.

［34］阿谢德. 中国在世界历史之中［M］. 任菁，译. 石家庄：河北教育出版社，1993.

［35］陈伟，王捷. 东方美学对西方的影响［M］. 上海：学林出版

社，1999.

　　［36］钱婉约. 论明季中国人的欧洲认识［J］. 中国文化研究，2008（1）：152-161.

　　［37］丹纳. 艺术哲学［M］. 傅雷，译. 兰州：敦煌文艺出版社，1994.

　　［38］斯蒂尔. 内衣：一部文化史［M］. 师英，译. 天津：百花文艺出版社，2004.

　　［39］张爱玲. 张爱玲文集［M］. 合肥：安徽文艺出版社，1992.

　　［40］邢宝安. 中国衬衫内衣大全［M］. 北京：中国纺织出版社，1998.

　　［41］NAGAYAMA Y, NAKAMURA T, HAYASHIDA Y, et al. Cardiovascular responses in wearing girdle—power spectral analysis of heart rate variability［J］. Journal of the Japan Research Association for Textile End-Uses，1995，36（1）：68-73.

　　［42］MIYUKI N, HARUMI M, HIDEO M. An effect of a compressed region on a lower leg on the peripheral skin blood flood［J］. Journal of the Japan Research Association for textile end-uses，1998，39：392-397.

　　［43］成秀光. 服装环境学［M］. 北京：中国纺织出版社，1999.

　　［44］香港理工大学纺织及制衣学系，香港服装产品开发与营销研究中心. 服装起拱与力学工程设计［M］. 金玉顺，高绪珊，译. 北京：中国纺织出版社，2002.

　　［45］LI Y, ZHANG X, YEUNG K W. A 3D biomechanical model for numerical simulation of dynamic mechanical interactions of bra and breast during wear［J］. Sen-I Gakkaishi , 2003, 59（1）：12-21.

　　［46］WONG ASW. Prediction of clothing sensory comfort using neural networks and fuzzy logic［D］. Hong Kong：Institute of textile and clothing, the Hong Kong Polytechnic University，2002.

　　［47］DUAN X Y, ZHANG J J, YU W D. A study of factors Influencing bra wearing comfort［C］. Textile bioengineering and informatics symposium proceedings，2008：431-437.

　　［48］王金凤，章辉美. 美的历程——中国女性美的演变与社会变迁［J］. 长沙铁道学院学报，2006，7（4）：106-108，111.

　　［49］罗莹. 贴心时尚——内衣设计［M］. 北京：中国纺织出版社，1999.

　　［50］缪旭静. 三维模拟人体在优化文胸结构设计中的应用［D］. 上海：东华大学，2006.

［51］毕加索．现代艺术大师论艺术［M］．常宁生，译．北京：中国人民大学出版社，2003．

［52］陈醉．裸体艺术论［M］．北京：中国文联出版公司，1987．

［53］克拉克．裸体艺术［M］．吴玫，译．北京：中国青年出版社，2005．

［54］梁素贞，张欣，陈东生．文胸结构设计中主要细部尺寸的人体依据［J］．纺织学报．2008，29（12）：69-73．

［55］温星玉．基于乳房形态的钢圈优化设计［D］．西安：西安工程大学，2013．

［56］孙莉．文胸基础纸样设计方法初探［D］．苏州：苏州大学，2005．

［57］鲍卫君，朱秀丽．晚礼服结构设计探析［J］．浙江工程学院学报，1999，16（2）：101-105．

［58］杨雪梅，温柔．罩杯省量值与其纸样分割的关系［J］．西安工程学院学报，2010，24（1）：26-35．

［59］倪华倩．基于文胸纸样参数变化对胸部塑型的研究［D］．上海：东华大学，2010．

［60］杨焰雁．文胸基础纸样设计方法优化研究［D］．上海：东华大学，2009．

［61］SHEN L, HUCK J. Bodice pattern development using somatographic and physical data［J］. International Journal of Clothing Science and Technology. 1993, 5（1）: 6-16.

［62］张道英，张文斌．上海地区青年女子文胸罩杯模型的研究［J］．东华大学学报，2006，32（6）：102-106．

［63］黄晓琴．文胸罩杯省道量分配对乳房压力舒适性及塑型性的影响研究［D］．上海：东华大学，2010．

［64］YOSHIO S, KAZUYA S, KEIICHI W, et al. Dynamic measurement of clothing pressure on the body in a brassiere［J］. Sen-I Gakkaishi, 1993, 49（1）: 99-104.

［65］贾娟．连身文胸的湿舒适性研究［D］．上海：东华大学，2006．

后　记

　　真正开始接触有关内衣方面的研究是二十多年前。说是研究，其实也只是当时为了完成学业做的一次浅显的探索，但也由此开启了自己的服装研究生涯。说来惭愧，虽然后来也断断续续做过一些这方面的探索，但似乎一直并没有很大的兴趣，加之自己做事比较随缘，不太愿意刻意安排和规划自己所做的事情，因此始终没有形成较系统的研究和文字。此书的撰写起初也并非源于对所做研究工作的梳理，而是源于一项有关人体文化研究的国家课题。当时受邀加入课题组做有关服装与人体文化研究方面的子课题，当然这也是因为自己之前做过一些关于内衣与人体方面的浅显探索。不过，整个课题进展得并不顺利，写作的过程也一波三折，一拖再拖，加之自己的懒怠，写写停停，竟也耗费了几年的时间。好在不论成败，终于成稿。

　　写作过程中，不论是对内衣与人体文化的探索，还是对内衣舒适性、内衣与人体形态适合性的研究，都让我深刻体会到了之前所做研究工作的浅显、疏漏和不系统，因此书稿中有很多内容都不够完善，尤其在内衣嬗变与人体审美变迁方面，只是浅尝辄止，这也促使我下决心在此基础上继续深入研究下去。虽然在这之前做的多数探索工作都是关乎内衣舒适性与合身性、内衣功能方面，但在写作过程中慢慢感受到自己对内衣文化、内衣艺术及人体美学的热爱，对此也似乎更感兴趣。因此，书稿完成之际，自己的思路反倒清晰了起来，也对继续进行这方面的探索有了一些新的想法，我想这也是我在本书写作中的一个收获吧。

　　书稿付梓之际，衷心感谢我的父母在我人生成长道路上的每一分付出，而我的先生李继峰，对我的学业、工作和生活给予了极大的理解、支持、包容和照顾，让我深受感动，这也是我能继续探索的重要动力。

段杏元

2020 年 9 月